はじめに

　PHPを体験しましょう！　PHPが初めての人。プログラミングが初めての人。HTMLが初めての人。そして昔、難しくて挫折したんだよね、という人。どうぞ、本書に書かれている通りにやってみてください。

　プログラミングは論理的なもの。そりゃ、そうです。でも、プログラムが予想通りに動くか否か。プログラマーは言います「そりゃ、やってみなきゃ、わからんよ」。そうなんです。プログラムは論理的なものですが、結局は「やってみなきゃ、わからんもの」なのです。PHPとは、Webページを作るための言語です。本書ではPHPでファイルやデータベースを操作します。SNS風のWebアプリケーションにも挑戦します。PHPもプログラミングも「やってみなきゃ、わからんよ」というスタンスで体験をしていただく本です。

　本書では、みなさんの状況に応じて、いろいろな読み方ができます。たとえば「①サンプルプログラムを手入力して、とりあえずざっと体験する」。これなら丸1日もあれば、PHPの楽しさや概要がわかると思います。どうぞ読み終わった後で、いつか時間があるときもう一度、改めて理屈を考えながら読み直してみてください。きっといろいろなことが見えてくるはずです。

　そして「②最初から何日もかけて、理屈をじっくり考えながら読み通す」。140ページに凝縮されたPHPの本質を、焦らずに読み取ってください。本書を読み終えれば、本格的なPHPの入門書も怖くはありません。簡単に読めるようになっているはずです。もちろんどんな読み方であっても、PHPを、MySQLを、そしてプログラミング自体を、本書でたっぷりと体験することができます。どうか楽しんで体験してみてください。

　最後になりましたが、本書を作成するにあたって最初から最後までご苦労をかけ続けてしまいました平山直克編集長。そして多くのアイディアを出し、常に執筆をサポートしてくれた鮭川美奈さん、悠希君と洸己君。かわいいイラストを提供してくれた三沢洋明さんに。心より感謝申し上げます。ありがとうございました。

2018年7月
西沢夢路

目次

CONTENTS

第01章 PHPに嫌われないように（準備編） …… 11

01-01 PHPことはじめ …… 12

「誰もがあきらめずにすむPHP」はどうやって読めばいいのか …… 12
サンプルファイルはどう使うのか …… 13
Webページってどこにあるの？ …… 14
　体験01　試してみよう！ …… 14
　知識01　Webサーバーって何？ …… 15
PHPって何？ …… 15
　知識02　Webページの正体は・・・ …… 16
　知識03　WebサーバーとPHP …… 16
　知識04　PHPという言葉の2つの意味 …… 17

01-02 PHPを勉強する準備 …… 17

MAMPとは何なのだろうか？ …… 17
　知識05　本書でPHPを体験するのに必要なもの …… 18
　知識06　MAMPを導入すると …… 18
MAMPをインストール …… 19
　体験02　MAMPのダウンロード …… 19
　体験03　MAMPのインストール（Windows版） …… 20
　体験04　MAMPのインストール（Mac版） …… 21
MAMPの起動とスタートページの確認 …… 21
　体験05　MAMPの起動とWebサーバーの動作確認 …… 21
文字コードと文字エンコーディング …… 22
　知識07　文字コードと文字エンコーディング …… 23
　知識08　文字化けの原因は？ …… 23
エディタの準備 － ATOM － …… 24
　体験06　ATOMのダウンロード …… 24
　体験07　Mac版Atomのインストール …… 25
　体験08　Atomを日本語メニューにしよう …… 25

01-03 PHPとは何なのか …… 26

サンプルデータをダウンロードしてコピー …… 26
　知識09　ドキュメントルートって何？ …… 27

| 体験09 | サンプルを「公開されるフォルダ」へコピーしよう | 28 |
| 体験10 | Atom のツリービューを設定しよう | 29 |

HTML ファイルって何だろう …… 30
体験11	サンプルファイルをブラウザで表示する（HTML）	30
体験12	HTML のソースを確認してみよう	31
知識10	HTML ファイル「html_samp.html」の中身	31

PHP ファイルって何だろう …… 32
体験13	サンプルファイルをブラウザで表示する（PHP）	32
体験14	PHP ファイルの中身を見てみよう	33
知識11	PHP ファイル「php_samp.php」の中身	34
知識12	HTML ファイルと PHP ファイルの違い	34

第02章　とりあえずジャンケン（基礎編） 35

02-01　まずは鉄板「Hello World」 36

HTML の基本、スケルトンを用意しよう …… 36
| 体験15 | スケルトンを開いてみよう | 36 |
| 知識13 | これがスケルトンだ | 37 |

鉄板プログラムを入力して保存 …… 37
| 体験16 | はじめての PHP プログラムを書いてみよう | 38 |

鉄板プログラムの実行 …… 39
| 体験17 | プログラムを実行してみよう | 39 |

02-02　イラストを入れましょう 39

日本語と画像を入れよう！ …… 39
| 体験18 | 日本語と画像を表示するプログラム | 40 |

実際に書き出された Web ページは？ …… 41
知識14	Web ページとソースを比較	41
知識15	タグの形式	41
知識16	エラーになる " と ' の使い方、本書の使い方	42

02-03　コンピュータとジャンケンで戦う 43

怪しげな数字を表示させてみよう …… 43
| 体験19 | 関数を使ってみよう | 43 |
| 知識17 | 関数とは | 44 |

怪しげな数字を入れ物に保管しておこう！ …… 44
| 体験20 | 変数を使ってみよう | 45 |
| 知識18 | 「$a=rand()」は何をしているのか？ | 46 |

| 知識 19 | 通常の変数の名前をつける規則 | 46 |

グー、チョキ、パーをランダムに　47

体験 21	ジャンケン画像をランダムに表示する	47
知識 20	引数を指定した rand 関数	48
知識 21	if の構文	49
知識 22	今回の処理を if の構文に当てはめてみると・・・	49
知識 23	PHP で使える比較演算子	50

第 03 章　こんにちはでござる（送受信・HTML 編）　51

03-01 GET 送信について知ろう　52

URL に「?a=～」をつけると・・・　52

体験 22	データを受け取るプログラムを作ろう	52
体験 23	uke.php へアクセスしてみよう	53
体験 24	URL に「?a=Hello World」をつけてみよう	54

いったい何が起こったの？　54

知識 24	URL に「?a=文字列」をつけると	54
知識 25	スーパーグローバル変数	55
知識 26	$_GET は配列	56

送信用の Web ページを作ろう　56

| 体験 25 | フォームを作ろう | 56 |
| 体験 26 | フォームを使ってみよう | 57 |

フォームってどんなもの？　58

| 知識 27 | 今回作ったフォームの構造 | 58 |
| 知識 28 | okuri.html から uke.php に送信 | 59 |

GET と POST　60

| 知識 29 | GET 送信と POST 送信の特徴 | 60 |
| 体験 27 | POST 送信を使ってみよう | 61 |

03-02 ニンジャ語コンバーター、ネコ語対応版もあり　62

「送り」と「受け」をくっつけたらどうなる　62

| 体験 28 | 送り側と受け側を 1 つにしよう | 62 |
| 体験 29 | 実行してみよう | 63 |

ニンジャ語コンバーターアプリにブラッシュアップ　64

| 体験 30 | ニンジャ語コンバーターを作ろう | 65 |
| 体験 31 | ニンジャ語コンバーターを使ってみよう | 65 |

三項演算子って何だろう？　66

| 知識 30 | 三項演算子の構文 | 66 |

|知識 31| 三項演算子をこう使っていた！ ... 67
|知識 32| 普通の if で書いてみました ... 68

悪意のあるタグを体験する ... 68
|体験 32| タグを送信してみよう ... 69
|体験 33| いったい何が起こったのか？ ... 70
|体験 34| タグを送信する　パート 2 ... 70

タグを無効化する ... 71
|体験 35| タグを無効化するプログラムを追加しよう ... 71
|体験 36| ソースを見てみよう ... 72
|知識 33| htmlspecialchars 関数とは ... 73
|知識 34| 無効化してから変数 $mozi に代入 ... 74
|コラム| 何も入力しないで送信ボタンを押した場合 ... 74

第 04 章　つぶやきはファイルに生き続け（ファイル編）... 75

04-01 消えてしまうメッセージを記録 ... 76

メッセージを書き込むプログラム ... 76
|体験 37| ファイルに保存するプログラムを書こう ... 76
|体験 38| chat.php でメッセージを送信してみよう ... 77
|体験 39| chat.txt の内容を確認してみよう ... 77

メッセージはいちいち改行してほしい ... 78
|体験 40| 改行コードを追加しよう ... 78
|体験 41| 再度 chat.txt の内容を確認してみよう ... 79

テキストファイルに書き込む仕組み ... 79
|知識 35| fopen 関数の使い方 ... 80
|知識 36| fwrite 関数の使い方 ... 80

04-02 ストックされたつぶやきを Web ページに表示する ... 81

テキストファイルを読み込むには ... 81
|体験 42| ファイルの内容を表示するプログラムを書こう ... 81
|体験 43| ファイルの内容が表示されるか試してみよう ... 82
|知識 37| readfile って何？ ... 82

改行して表示するには ... 83
|体験 44| 改行が表示されるようにしよう ... 83
|体験 45| 改行されるかどうか試してみよう ... 84

まだ問題が残っています ... 84
|知識 38| 不要な改行が保存される ... 85
|体験 46| プログラムの最終修正 ... 85

目次

第05章　データベース体験（phpMyAdminによるMySQL編）……87

05-01　マイエスキューエル ……88

データベースはお友達（データベースとは）……88
- 知識39　データベースってこんなやつ ……88
- 体験47　MySQLの起動確認 ……89

MySQLを勉強する準備 － Windowsのみ－ ……89
- 体験48　my.iniを修正しよう ……90
- 体験49　使用するPHPのバージョンを設定する ……91

05-02　データベースとテーブルを作ろう ……92

データベースを作る ……92
- 体験50　phpMyAdminを起動しよう ……92
- 知識40　今回作成するデータベースの情報 ……94
- 体験51　データベースを作ってみよう ……94

テーブルを作る ……95
- 知識41　今回作成するテーブル ……95
- 体験52　テーブルを作ろう ……96
- 体験53　テーブルの構造を確認しよう ……97
- 体験54　修正する場合は？ ……98

05-03　phpMyAdminでSQLを実行してみる ……98

phpMyAdminでレコードを挿入 ……98
- 体験55　レコードを挿入してみよう ……99

SQLって何？ ……99
- 知識42　レコードを挿入するINSERT文 ……100

挿入したレコードの内容をSQLで表示 ……101
- 体験56　テーブルの内容を表示するSQL ……101
- 知識43　表の内容を表示するSELECT文 ……102

第06章　なんちゃってSNS（MySQLでSNS編）……103

06-01　データベースにメッセージを書き込むまで ……104

これから作るWebアプリケーションの概要 ……104
- 知識44　今回作成するSNS風Webアプリケーション ……104

データを送る側のプログラムを作りましょう ……105
- 体験57　フォームを作ろう ……105

| 体験 58 | フォームを使ってみよう ……………………………………………… 106
| 知識 45 | ブラウザによる表示の違い ……………………………………… 106
メッセージを受け取る側のプログラム ……………………………………… 107
| 体験 59 | 送信されたデータをデータベースに書き込むプログラム ……… 107
実際にデータベースに送信してみましょう ………………………………… 108
| 体験 60 | フォームを表示してみよう ……………………………………… 108
| 体験 61 | phpMyAdmin でテーブルを確認しよう ……………………… 109

06-02 sns2.php の仕組みを知る ………………………………………… 110
データベースへの接続 ………………………………………………………… 110
| 知識 46 | 送信データの受け取り …………………………………………… 111
| 知識 47 | データベースへアクセスする構文 ……………………………… 111
| 知識 48 | 本書でのデータベース情報 ……………………………………… 112
PHP で SQL を実行する　ープログラム解説のつづきー ………………… 112
| 知識 49 | 変数を利用した INSERT …………………………………………… 113
| 知識 50 | SQL の実行 ………………………………………………………… 114
| 知識 51 | リンクの表示 ……………………………………………………… 114

06-03 メッセージ表示部分を追加する ………………………………… 115
とりあえずテーブルのデータを 1 行だけ表示するプログラム …………… 115
| 体験 62 | テーブルの内容を 1 行表示する PHP プログラムを書こう …… 115
| 体験 63 | テーブル一覧を表示してみよう ………………………………… 116
1 行表示プログラムの内容を確認する ……………………………………… 116
| 知識 52 | PDOStatement オブジェクトとは ……………………………… 117
| 知識 53 | 読み出した結果はこうやって Web ページに書き出すのダ … 118
| 知識 54 | レコード 1 行分の書き出し ……………………………………… 119
繰り返して全レコードを表示するプログラム ……………………………… 119
| 体験 64 | 全レコードを表示するプログラムを書こう …………………… 119
| 体験 65 | 試してみよう ……………………………………………………… 120
| 知識 55 | while とは ………………………………………………………… 121
| 知識 56 | while で「レコードがなくなるまで」繰り返す ……………… 122
最後の仕上げ「なんちゃって SNS」を完成させる ……………………… 122
| 知識 57 | メッセージ内の改行を反映すると … …………………………… 122
| 知識 58 | メッセージで新しいものを上にすると … ……………………… 123
| 体験 66 | 最後の仕上げをしよう …………………………………………… 123
| 体験 67 | 動作を確認しよう ………………………………………………… 124
| コラム | ORDER が先か WHERE が先か ……………………………………… 124

06-04 「なんちゃって SNS」に検索機能をつける ………………… 125

検索機能をどうやってつけるか ………………………………………………………… 125
- 知識 59　検索機能をつけた「なんちゃって SNS」の概要 ……………………… 125

検索の SQL を知る ……………………………………………………………………… 126
- 体験 68　名前で検索する SQL を実行してみよう ……………………………… 126
- 知識 60　キーワードを含むメッセージだけを表示する SQL …………………… 127
- 体験 69　あいまい検索する SQL を実行しよう ………………………………… 128
- 知識 61　LIKE と % を使って「あいまい検索」する SQL ……………………… 129

検索機能を追加する ……………………………………………………………………… 129
- 体験 70　検索用のフォームを追加しよう ………………………………………… 129
- 体験 71　検索結果を表示するプログラムを書こう ……………………………… 130
- 体験 72　検索を実行してみよう …………………………………………………… 131

APPENDIX　133

- A-01　拡張子の表示方法 …………………………………………………………… 134
- A-02　例外処理でエラーに対応する ……………………………………………… 134
- A-03　Mac 版 MAMP を使うときの設定 ………………………………………… 136

第 01 章

PHP に嫌われないように（準備編）

第 01 章では、PHP を体験する準備を整えましょう。必要なソフトウェアをインストールして、サンプルプログラムをコピーします。とりあえず、「あなたのブラウザの種類を当てる」プログラムが動くまで、がんばりましょう。そして、PHP って何なのでしょうか？ いったい PHP で何ができるのでしょうか？ じっくりと探ってみることにしましょう。

01-01 PHPことはじめ

「誰もがあきらめずにすむ PHP」はどうやって読めばいいのか

　PHP は Web ページを作るためのプログラミング言語です。PHP で書かれたプログラムファイルは、世界のどこかにある Web サーバーに置いてあります。そして PHP プログラムを実行するときは、私たちのパソコンにあるブラウザで PHP プログラムにアクセスし、実行結果もブラウザに表示されます。このように PHP の実行にはブラウザや Web サーバーを介する必要があるため、どうしてもその本質を理解するのが難しいようです。PHP にはじめて触れた方が入門書を読むと、難解な専門用語に振り回されて「だから何だったんだろう？」で終わってしまうことも多いようです。「Web サーバーって何？」「PHP って何？」ということは、じっくりと触れていくので安心してください。

　本書では「どうやればいいんだろう？」、「どうなっているんだろう？」は、「やって、見て、理解する」構成にしています。どうぞ、PHP プログラミングを体験し、そしてイラストと図解を見て、Web アプリケーションの本質を感じ取ってください。本書を読み終えれば、きっと本格的な PHP の入門書も簡単に読めるようになるはずです。何よりも「PHP は楽しい」と感じていただくことが重要です。

　PHP プログラムは世界に公開し、そして世界中の人が、世界中のどこからでも自由に使えるようにする、というのが本来の姿です。すばらしいことですね。でも、この「公開する」というのは恐ろしいことなのです。日々進化し巧妙化し続ける、有害で悪質なプログラムをすべて排除するのは、不可能ともいえる時代です。

　そこで本書では、とりあえず「みなさんのパソコン内だけで公開」し、「使うのはみなさんだけ」という、メチャクチャに安全な方法でやっていきます。とても安心ですね。

　本書では、次のような流れで PHP を体験していただきます。

体験の流れ

第 01 章 PHP に嫌われないよう（準備編）

・PHP がどんなものかを知る

・PHP とデータベースを使える状態にする

・サンプルをコピーする

第02章	**とりあえずジャンケン（基礎編）**

- 「Hello World」と表示する
- 画像を表示する
- グー、チョキ、パーをランダムに表示する

第03章	**こんにちはでござる（送受信・HTML編）**

- データを送信し受信する
- 送信データを加工して表示する

第04章	**つぶやきはファイルに生き続け（ファイル編）**

- テキストファイルに保存する
- テキストファイルを読み込んで表示する

第05章	**データベース体験（phpMyAdminによるMySQL編）**

- phpMyAdminでデータベースを作る
- phpMyAdminでテーブルを作る
- phpMyAdminでテーブルにデータを書き込む

第06章	**なんちゃってSNS（PHPとMySQL編）**

- PHPでテーブルにデータを書き込む
- SNS風Webアプリケーションを作る

　本書は全編を通して、「体験」と「知識」の小さなブロックを単位としてまとめています。せっかくPHPの本を読むのですから、ブロックごとにぜひ何かをつかみ取ってください。

サンプルファイルはどう使うのか

　本書はPHPを体験していただく本です。入力するのは数行のプログラム、一番長いプログラムでもたった10行程度です。みなさんの手で実際に入力して実行し、本当に本書に書かれた結果になるか体験してみてください。

　とはいうものの、入力に誤りはつきものです。本書では紹介するPHPプログラムを、その途中経過も含めてすべてダウンロードで提供いたします。そうです。「苦労してすべてを

手入力するのがベストですが、「マウスだけでPHPを体験」することもできる構成になっているので安心してください。

たとえば「ninja.php」というPHPプログラムを作っていくとき、本文には（HELP⇒ ninja_01.php）（HELP⇒ ninja_02.php）・・・のようなマークで示されるプログラムの名前があります。これが、みなさんに作っていただく目標のプログラムです。もし、作ったプログラムが正しく動かなかったら、同じプログラムであるはずの「HELP⇒ ninja_02.php」などを実行してみてください。もしそのサンプルが動くのでしたら、自分が書いたプログラムのどこかに誤りがある、ということになります。落ち着いて見比べてみましょう。また、もしコピーしたサンプルが動かないのなら、何かの設定がおかしくなっているということです。「01-02　PHPを勉強する準備」などの設定を読み直してみましょう。

それでは、たった140ページ、でも人生最高の140ページ・・・になるように。「誰もがあきらめずにすむPHP入門」の始まりです。

Webページってどこにあるの？

さて、たとえばブラウザで「http://～」と入力すると、Webページが表示されますよね。このWebページって、いったいどこに置いてあるんでしょうか。そして、どんな仕組みで送られてくるんでしょうか。Webページって何なんでしょうか。話はここから始まります。

いきなりですが・・・ブラウザを起動してアドレスバーに「http://search.yahoo.co.jp/search?p=hello」と入力して「Enter」を押してみてください。はい、どうぞ。

体験01　試してみよう！

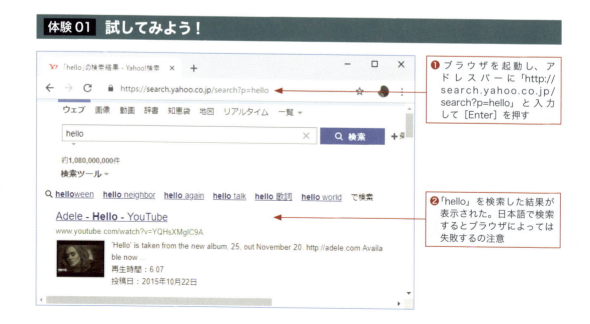

❶ ブラウザを起動し、アドレスバーに「http://search.yahoo.co.jp/search?p=hello」と入力して［Enter］を押す

❷「hello」を検索した結果が表示された。日本語で検索するとブラウザによっては失敗するの注意

いったい何が起こったのでしょうか。実は今あなたが「http://〜」と入力したことによって、その要求が世界のどこかにある Web サーバー（上記の場合は Yahoo! Japan）に届けられ、そして「hello の検索」が行われたのです。Web サーバーとは、ブラウザからの要求に応えて Web ページを送るコンピュータです。そして Web サーバーに要求を出す、みなさんのパソコンなどをクライアントといいます。Yahoo! の仕組みも Web サーバーに置いてあります。Yahoo! では、URL に「?p=hello」をつけると「hello」を検索した結果を返してくれる仕組みになっているのですね。

知識01 Web サーバーって何？

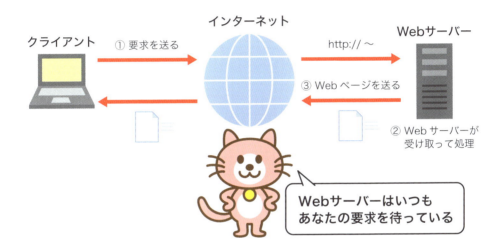

PHP って何？

プログラムはコンピュータに与える命令の集まりです。プログラムを書くための仕様を定義したものが「プログラミング言語」であり、PHP もその 1 つです。インターネットを通して利用するソフトウェアを Web アプリケーションといいますが、PHP は Web アプリケーションを作るためのプログラミング言語といえます。

Web サーバーが送り返す Web ページの正体は、HTML という規則で書かれた文字だけのファイル（テキストファイル）です。ここに「○○を××に表示しろよ」というような内容が書いてあります。これを HTML ファイルといいますが、ブラウザは HTML ファイルを受け取って、これまた HTML の規則に従って画面表示します。

知識02 Webページの正体は・・・

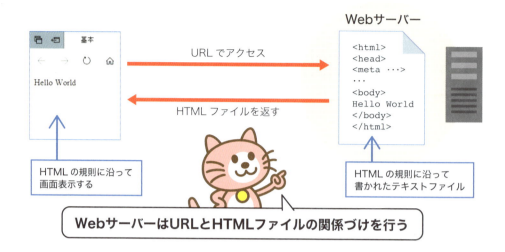

　PHPは、このHTMLファイルを作成するためのプログラミング言語です。PHPを使ってHTMLファイルを作成することで、同じURLにアクセスするたびに違うHTMLファイルを返すといったことが可能になります。

　私たちがブラウザで、WebサーバーにあるPHPファイルにアクセスします。するとPHPプログラムが実行され、その結果Webページ（HTMLファイル）が作られます。Webサーバーはアクセスしてきたブラウザに向かって、このWebページを送り返します。

知識03 WebサーバーとPHP

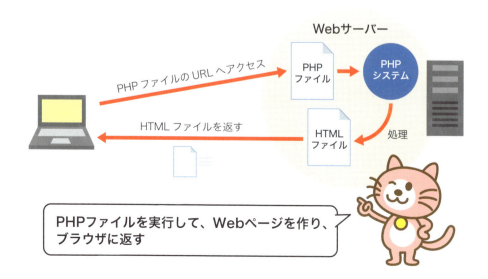

「PHPはWebページを作るためのプログラミング言語」と書きました。でも、実はPHPという言葉には「プログラミング言語」の意味と、「処理するシステム」という意味の、2つがあるのですね。つまりPHPはWebサーバー側にインストールする必要があるということです。逆にクライアント側には必要ありません。

知識04 PHPという言葉の2つの意味

01-02 PHPを勉強する準備

MAMPとは何なのだろうか？

PHPの仕組みはWebサーバーに置く、ということがわかりました。つまり、Webサーバーがないと PHPの勉強ができない、ということです。では、はじめてPHPを体験するみなさんは、いったいどこにあるWebサーバーを使えばよいのでしょうか。

　本書でPHPを体験するには**Webサーバー**と**データベース**と**PHP処理システム**が必要です。データベースとは何か？　まだわかりませんよね。データベースについては第05章で詳しく説明するので安心してください。とにかくこの3つが必要なのです。

知識05 本書でPHPを体験するのに必要なもの

必ず3つ！そろえてください

　実はこの3つをあなたのPCで一度に使えるようにするソフトウェアがあります。それが**MAMP**です。MAMPは**Apache**（アパッチ）という名前のWebサーバー、**MySQL**（マイエスキューエル）という名前のデータベース、もちろんPHPも、まとめてあなたのPCで使えるようにしてくれる優れものです。

　MAMPが動作すると、みなさんのPCがクライアントとWebサーバーの2つの機能を持つようになります。みなさんがPHPを勉強するときは、クライアントである自分のPCから、Webサーバーである同じ自分のPCにアクセスすることになるのですね。

知識06 MAMPを導入すると

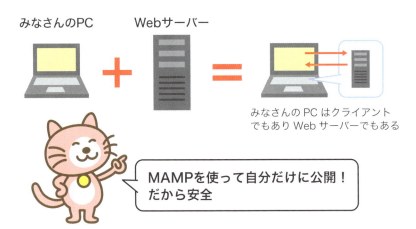

みなさんのPCはクライアントでもありWebサーバーでもある

MAMPを使って自分だけに公開！だから安全

MAMP をインストール

ソフトウェアを追加して利用できる状態にすることをインストールといいます。プログラミングの世界では、インストールから戦いが始まります。特にこの手のソフトウェアでは動作するまでに長い道のりがある、というのが相場です。でも MAMP なら、ほぼほぼ「Next」をクリックするだけでインストールが終了します。

まずは MAMP をダウンロードしましょう。MAMP には Windows 版と Mac 版の両方が用意されています。ここでは両方のインストール手順を解説します。ところで、Windows をお使いの方はファイルの拡張子（ファイル名の後にある「.zip」など）は表示されていますか。もし表示されていないようでしたらあらかじめ、P.134 の手順で表示されるようにしておいてください。

MAMP は以下の URL からダウンロードします。

 MAMP のダウンロード
https://www.mamp.info/en/downloads/

MAMP にはフリー版の MAMP と有償版の MAMP PRO があり、インストーラは共通になっています。本書ではフリー版の MAMP のみを使用します。

体験 02　MAMP のダウンロード

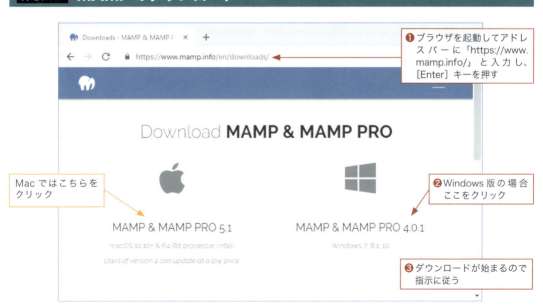

ダウンロードが終了すると、Windows の場合は「MAMP_MAMP_PRO_ バージョン .exe」、Mac の場合は「MAMP_MAMP_PRO_ バージョン .pkg」というファイルが、「ダウンロード」フォルダに保存されます。原稿執筆時点における MAMP のバージョンは Windows 版が 4.0.1、Mac 版が 5.2 になっています。Mac 版の方がバージョンが上ですが、本書の解説の範囲ではバージョンの違いは関係ありません。

さっそく MAMP をインストールしましょう。Windows 版の場合はダウンロードした MAMP_MAMP_PRO_ バージョン .exe を起動して、以下に手順にしたがってください。基本的には［Next>］をクリックするだけで終了します。

体験 03　MAMP のインストール（Windows 版）

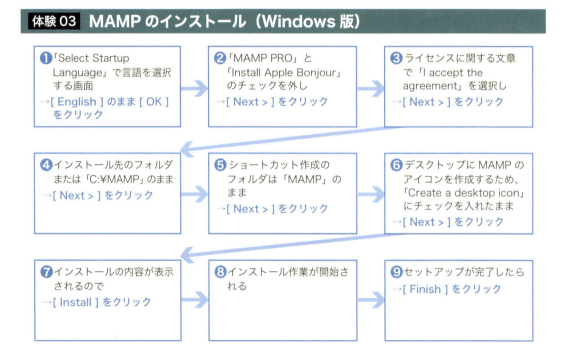

Mac 版の場合は、次の操作で MAMP をインストールしてください。本書では MAMP5.1 をインストールする例を紹介します。なお Mac の場合、インストール終了後に P.136 の「APPENDIX03 Mac 版 MAMP を使うときの設定」の操作を行ってください。これで Apache などが使用するポート番号が、本書と同じ設定に変更されます。

第 01 章　PHP に嫌われないように（準備編）

体験 04　MAMP のインストール（Mac 版）

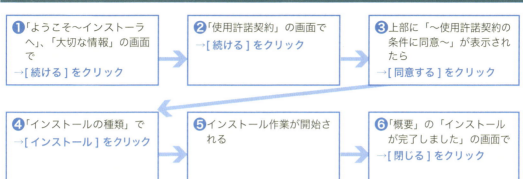

MAMP の起動とスタートページの確認

MAMP は無事インストールできましたか？　PHP プログラムは Web サーバー上で動作します。だから Web サーバーが動いていなければ話になりません。確認してみましょう。

　MAMP を起動し、MAMP のスタートページを表示してみましょう。スタートページとは MAMP が独自に用意している Web ページで、MAMP 本体といっしょにインストールされています。スタートページが見えれば、Web サーバーである Apache が無事、動作していることになります。

体験 05　MAMP の起動と Web サーバーの動作確認

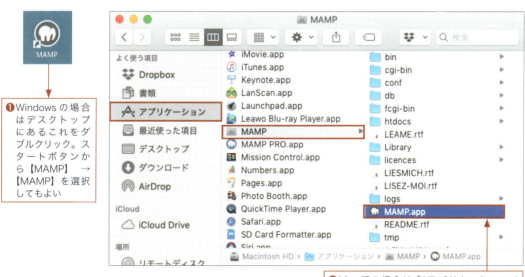

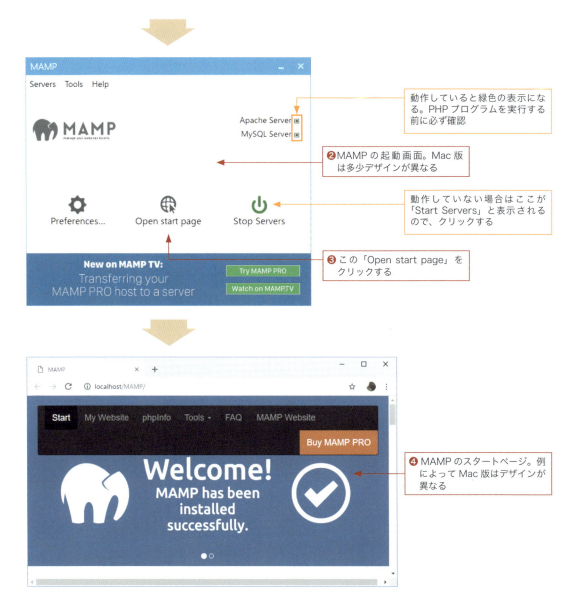

文字コードと文字エンコーディング

　文字エンコーディングをきちんと設定していない Web ページでは、文字化けが起こることがあります。さて、文字エンコーディングとはいったい何なのでしょうか？　文字化けはどうして起こるのでしょうか？　そもそもパソコンやインターネットは、文字をどうやって伝えているのでしょうか？

　これから何回か、**文字エンコーディング**という言葉が登場します。ぜひここで、その意

味を理解してください。さて、コンピュータやインターネットでは当然、1つ1つの文字を識別していますよね。つまり何かの規則で、すべての文字に対し、それを表す記号を1つ1つ決めているということですよね。この「文字を識別するための記号」が**文字コード**なのです。

　文字に文字コードを割り当てる規則を文字エンコーディングといいます。同じ文字であっても、違う文字エンコーディングを使えば、その文字コードも違うものになります。本書では「UTF-8」という文字エンコーディングを使います。

知識 07　文字コードと文字エンコーディング

たまにブラウザが誤って、本来とは異なる文字エンコーディングを使ってしまうことがあります。本来とは違う規則で文字の種類を伝えてしまうのですから、表示はメチャクチャになってしまいますよね。これが「文字化け」です。ただ、みなさんの環境でしたら、今のところ特別な設定をしなくても文字化けは起こらないはずです。安心してください。

知識 08　文字化けの原因は？

本当は UTF-8 なのに、ブラウザがシフト JIS で表示してしまった

エディタの準備 － ATOM －

本書で PHP プログラミングを体験するには、UTF-8 に対応したテキストエディタが必要になります。もちろん普段お使いのエディタが UTF-8 対応なら、それでも OK です。ここでは例として無料の高機能エディタ ATOM を紹介します。なかなかいいですよ。よろしければどうぞ。

　実は Windows のメモ帳でも、UTF-8 形式でファイルを保存することができます。しかし、メモ帳で使用される UTF-8 は「BOM」という不要なデータが付加されてしまうために、PHP プログラムがエラーになる可能性があります。BOM について本書では詳しく解説しませんが、とにかく PHP プログラムを記述する目的で**メモ帳を使用することはできない**と考えてください。

　ここでは「BOM なし」の UTF-8 で保存できるテキストエディタ、**ATOM** のインストール手順について解説します。Web ブラウザを起動して、以下の URL にアクセスしてください。

Atom
https://atom.io/

体験 06　ATOM のダウンロード

- OS の種類などは自動的に判別される
- ❶ ここをクリックするとインストーラがダウンロードされる

　Windows の場合は「AtomSetup-x64.exe」(場合によっては AtomSetup-x32.exe)が「ダウンロード」フォルダにダウンロードされますので、ダブルクリックして実行します。インストーラが起動しますが、特に設定する項目はなく、自動的にインストールが完了します。
　Mac の場合は「atom-mac.zip」というファイルが、同じく「ダウンロード」フォルダに保存されます。たいていのブラウザではダウンロード直後に解凍されて、「Atom.app」が作成されているはずです。今後のために、このファイルを「アプリケーション」フォルダに移動させておきましょう。

体験 07　Mac 版 Atom のインストール

❶「ダウンロード」フォルダから「アプリケーション」フォルダへ移動

　これでインストールは終了です。Atom を起動する場合、Windows ではデスクトップの「Atom」アイコンをダブルクリック、Mac の場合は「アプリケーション」フォルダ内の「Atom.app」をダブルクリックします。

　実は Atom は、デフォルトではメニューが英語で表示されてしまいます。このままでは使いづらいですよね。ATOM を起動して、同時に日本語化もしてしまいましょう。

体験 08　Atom を日本語メニューにしよう

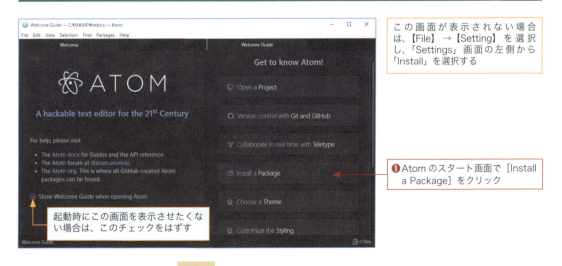

この画面が表示されない場合は、【File】→【Setting】を選択し、「Settings」画面の左側から「Install」を選択する

❶Atom のスタート画面で［Install a Package］をクリック

起動時にこの画面を表示させたくない場合は、このチェックをはずす

第 01 章　PHP に嫌われないように（準備編）

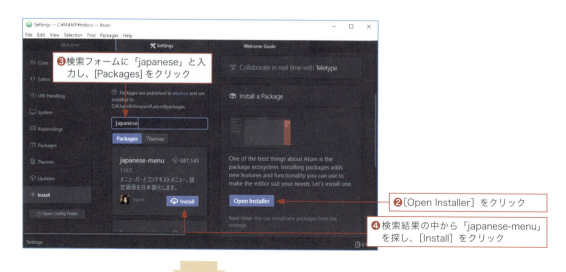

01-03　PHPとは何なのか

サンプルデータをダウンロードしてコピー

みなさんの環境では、もう Web サーバーが動作し、PHP プログラムがいつでも実行できる状態になっています。早く PHP プログラミングを始めたいところです。でも本書では、もう少し準備が必要です。サンプルプログラムをダウンロードし、すぐに実行できるよう

にコピーしておきましょう。これにより今後「作成したプログラムが動かない」ときは、簡単に問題が解決できるようになります。

　PHPプログラムは**ドキュメントルート**（Document Root）に置きます。ドキュメントルートとは、Webサーバーによって外部に「公開されるフォルダ」のことです。このフォルダ以下にあるファイルやフォルダは、たとえば「http://localhost/…」というURLで、Webブラウザからアクセスできます。

　みなさんがこれから作成するPHPプログラムは、すべてこの**公開されるフォルダ**に置きます。本書の解説通りインストールした場合、Windowsでは「**C:¥MAMP¥htdocs**」、Macなら「**/アプリケーション/MAMP/htdocs**」が「公開されるフォルダ」になります。

知識09 ドキュメントルートって何？

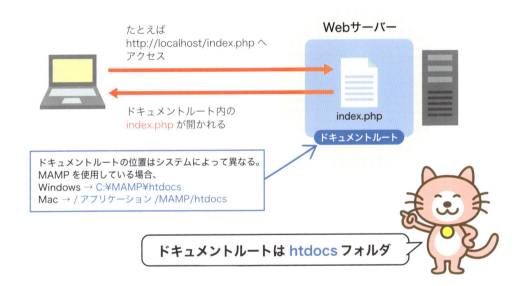

　では、サンプルプログラムをダウンロードして、ドキュメントルートにコピーする作業です。まず、以下のURLからサンプルプログラムをダウンロードします。

⬇ サンプルのダウンロード
http://isbn.sbcr.jp/98977

　するとPHP_book.zipというファイルがダウンロードされますので、これを解凍して得られる「PHP_book」フォルダに含まれる「htdocs」フォルダの中身を、それぞれの「公開されるフォルダ」にコピーします。

第 01 章　PHP に嫌われないように（準備編）

体験 09　サンプルを「公開されるフォルダ」へコピーしよう

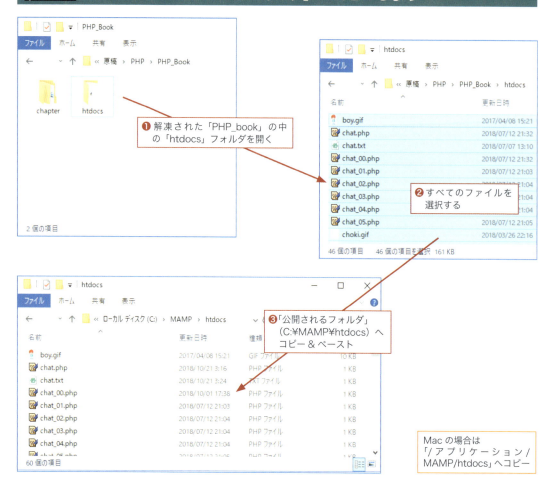

❶ 解凍された「PHP_book」の中の「htdocs」フォルダを開く

❷ すべてのファイルを選択する

❸「公開されるフォルダ」(C:¥MAMP¥htdocs) へコピー＆ペースト

Mac の場合は「/アプリケーション/MAMP/htdocs」へコピー

　今後、この htdocs=「公開されるフォルダ」にあるファイルを編集していくことになります。

　もう1つ、ATOM からいつでもすぐこのフォルダにアクセスできるように「ツリービュー」の機能を設定しておきましょう。ツリービューを設定しておけば、今後はファイルを開く手間が省けます。では Atom を起動してください。以下の操作は Windows でも Mac でも同じです。

体験10　Atomのツリービューを設定しよう

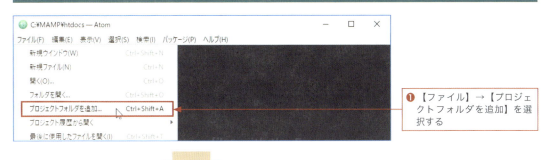

❶【ファイル】→【プロジェクトフォルダを追加】を選択する

❷ 表示されたダイアログボックスで「C:¥MAMP¥htdocs」を選択 (Macの場合は「/アプリケーション/MAMP/htdocs」)

❸「フォルダーの選択」をクリック (Macの場合は「開く」をクリック)

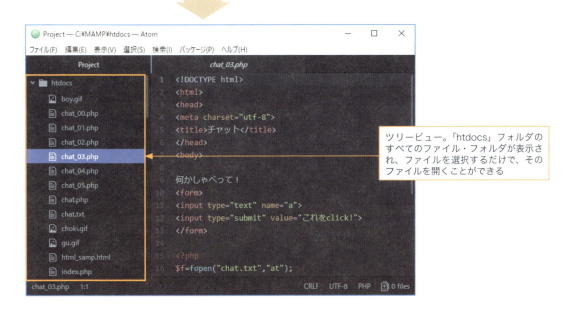

ツリービュー。「htdocs」フォルダのすべてのファイル・フォルダが表示され、ファイルを選択するだけで、そのファイルを開くことができる

もし、ツリービューに何も表示されない場合は、P.28 のファイルのコピーがうまくいっていません。もういちど htdocs フォルダの内容を確認してください。

HTML ファイルって何だろう

さて、Web ページの正体は文字で書かれた HTML ファイルだ、という話をしました（→ P.15）。じゃあこの HTML ファイルには、いったい何が書いてあるのでしょうか。ここではブラウザで HTML ファイルを表示したときの様子と、謎の HTML ファイルの中身を調べてみることにしましょう。

HTML ファイルをブラウザで表示してみましょう。これで「公開されるフォルダ」にサンプルファイルがちゃんとコピーされたか、確認できます。「html_samp.html」というサンプルを表示してみます。もし表示されない場合は MAMP の動作を確認してください（→ P.22）。

体験 11 サンプルファイルをブラウザで表示する（HTML）

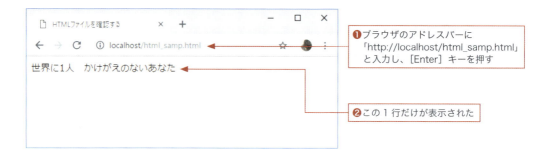

html_samp.html という HTML ファイルは、どうやら「世界に 1 人　かけがえのないあなた」の 1 行をブラウザに表示する機能があるようです。Web ページの正体である HTML ファイルの記述を「ソース」といいます。今度はこの HTML のソースを、エディタで確認してみましょう。ブラウザでは「http://localhost/html_samp.html」でアクセスしましたが、「html_samp.html」のファイルそのものは「公開されるフォルダ」（Windows の場合は C:¥MAMP¥htdocs、Mac の場合は / アプリケーション /MAMP/htdocs）にあります。これを Atom などのエディタで開きます。

第 01 章　PHP に嫌われないように（準備編）

体験 12　HTML のソースを確認してみよう

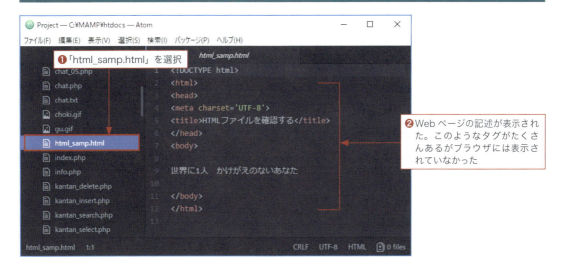

　なんか、< や > といった記号がたくさんありますね。実は HTML ファイルでは、< や > のような**タグ**と呼ばれるものを使って、「コンテンツをどのように表示するか」を指示しているのです。Web ページの本体は <body> ～ </body> の間にあって、ブラウザにはこの内容が表示されます。HTML の面倒な規則は覚える必要ありません。でも「同じ HTML ファイルは、いつでも同じ内容を表示する」ということ。これだけは、ぜひここで覚えておいてください。

知識 10　HTML ファイル「html_samp.html」の中身

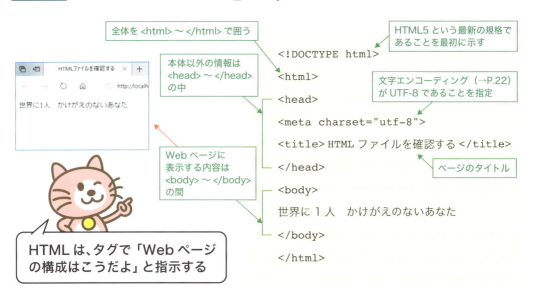

PHPファイルって何だろう

HTMLファイルは、タグを使って「Webページの構成はこうだよ」と指示するのだ、ということがわかりました。さてHTMLファイルに対して、私たちが勉強するPHPファイルはどうなっているのでしょうか。HTMLファイルはWebサーバーの「公開されるフォルダ」に置きますが、PHPファイルも同じくこのフォルダに置きます。

HTMLファイルとPHPファイル。いったいどこが違うのでしょうか。まず次の操作でサンプルの「php_samp.php」を実行してみてください。すると、アクセスした人のブラウザの種類が表示されます！ すごいですよね。もちろん今は、プログラムの内容まで理解する必要はありません。

体験13　サンプルファイルをブラウザで表示する（PHP）

● Google Chrome の場合

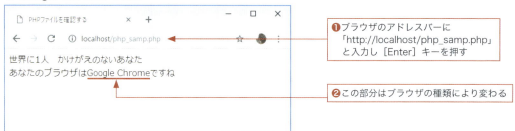

❶ブラウザのアドレスバーに「http://localhost/php_samp.php」と入力し［Enter］キーを押す

❷この部分はブラウザの種類により変わる

● Edge の場合

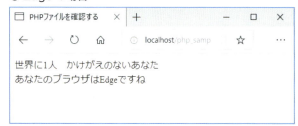

● Firefox の場合

アクセスした人のブラウザをさらけ出してしまう PHP ファイル。中身はどうなっているのでしょうか。その記述（ソース）をエディタで見てみることにしましょう。例によってエディタで「php_samp.php」のファイルの中身を見てみましょう。

体験14　PHPファイルの中身を見てみよう

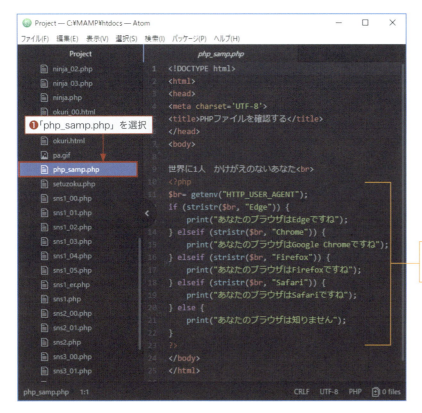

これが PHP プログラム。プログラムそのものはブラウザに表示されない

ちょっと見たところ、始まりと終わりの部分は HTML ファイルとほとんど同じですよね。でも本文がある <body> ～ </body> に注目してください。HTML ファイルと違って「<?php」で始まり「?>」で終わる部分があります。実はこの「**<?php ～ ?>**」が PHP プログラムなんです。PHP プログラムは HTML の中に書き込むのですね。

　今回体験した PHP ファイルのプログラムは「ブラウザの種類を表示する」という処理をします。つまりアクセスした人のブラウザが違えば、表示される内容も違うことになります。ブラウザを変えて試してみてください。

知識 11 PHPファイル「php_samp.php」の中身

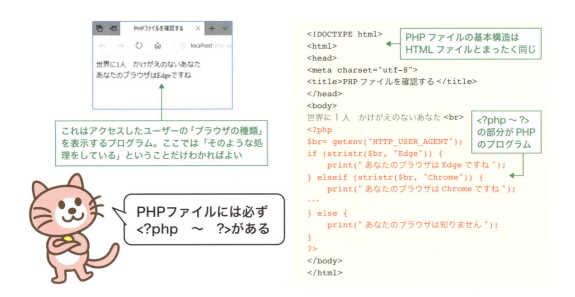

このように、処理に応じて異なる内容が表示されるWebページを「動的なページ」といいます。確かHTMLファイルの方は「いつでも同じ内容を表示する」のでしたよね（→P.31）。私たちはPHPによって「動的なWebページ」を作ろうとしているのです。

知識 12 HTMLファイルとPHPファイルの違い

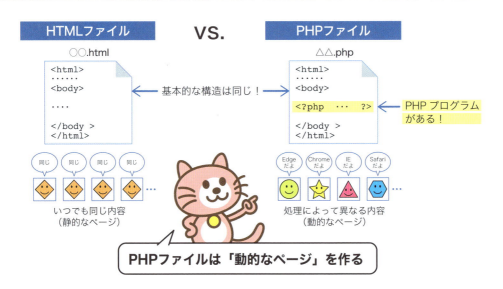

第02章

とりあえずジャンケン（基礎編）

PHPでジャンケンバトル！ ジャンケンプログラムを作って勝負しましょう。第02章は、PHPプログラミングの入門から、このジャンケンプログラムまでを体験します。最初はエラーになることもあるかもしれません。でも大丈夫、落ち着いて。解説通りにやれば必ず動くはずです。「Hello World」さえ表示できれば、ジャンケンバトルもすぐそこです。

02-01 まずは鉄板「Hello World」

HTMLの基本、スケルトンを用意しよう

> プログラミング言語の勉強で最初に作るプログラムは「Hello World」。鉄板です。本書でも、まずは「Hello World」を表示するPHPプログラムを作っていただきます。ところでWebページの正体はHTML。このHTMLの中にPHPプログラムを書くのでしたよね。HTMLには書き方の作法があり、入力するのがけっこう面倒なのですが・・・。

　サンプルはコピーしましたか？　実はP.28の操作が完了していれば、「後はPHPプログラムを入力するだけ」というPHPファイル、HTMLファイルが保存されているはずです。みなさんはこれに、PHPプログラムだけを入力してください。面倒なHTMLのタグ入力は不要です。本書ではHTMLの基本骨格をスケルトン（skeleton）と呼びます。まずは、そのスケルトン「kihon.php」を、Atomで開いてみることにしましょう。

体験15　スケルトンを開いてみよう

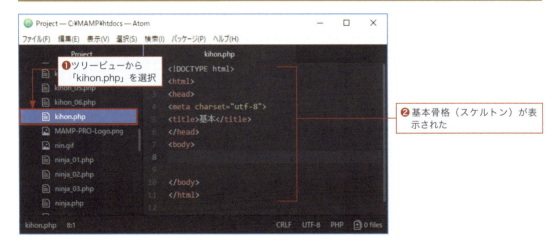

　これがスケルトン（本書で使う基本骨格）です。確か、Webページに表示される内容は、<body>～</body>の間に書いてあったのですよね（→P.31）。本書でみなさんに入力していただくのは、**スケルトンの<body>～</body>の間**のPHPプログラムだけです。

知識13 これがスケルトンだ

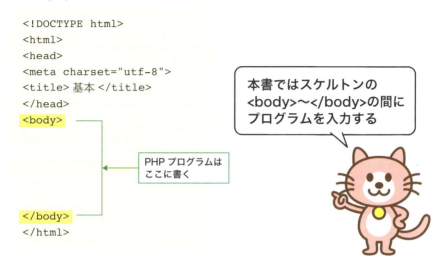

鉄板プログラムを入力して保存

> いよいよ PHP プログラムの入力です。スケルトンの <body> 〜 </body> の間に入力します。できた PHP プログラムは、必ず拡張子を「.php」にして Web サーバーの「公開されるフォルダ」に上書き保存してください。

　最初に体験していただく命令は print。print は「印刷する」という意味ですが、この場合は文字列を画面に出力します。

```
print " ページに書き出す文字列 ";
```

　書き出す文字列は必ず「"」(ダブルクォーテーション)で囲い、行の最後の「;」を忘れないでくださいね。PHP プログラムは **<?php で始まり ?> で終わり**ます。「<?php プログラム本体 ?>」のすべてを 1 行で書くこともできますが、今回は「<?php」も 1 行、プログラム本体も 1 行、「?>」も 1 行と、それぞれ改行して書くことにします。
　では先ほど開いた kihon.php に PHP プログラムを追加してみましょう。赤い文字が追加する部分です。入力時に以下の点に注意してください。

＊すべて半角で入力する
＊スペルを絶対間違えないように
＊全角スペースを入れないで

01 まずは鉄板「Hello World」

体験16 はじめてのPHPプログラムを書いてみよう

【ファイル名】kihon.php（ HELP ⇒ kihon_01.php）

　前述のとおり、上記でファイル名の横に表示されている（ HELP ⇒ kihon_01.php）は、プログラムの完成形がkihon_01.phpに保存されているいう意味です。もし実行してみてエラーが表示される場合は、該当ファイルを開いてどこが間違っているかを確認しましょう。

　また、今後、Atomのツリービューからファイルを開く→プログラムの追加・修正→ファイルの保存→プログラムの実行というサイクルを何度も繰り返しますが、意外と忘れがちなのがファイルの保存です。プログラムの追加・修正だけを行ってもファイルを保存しなければ、実行結果に反映されません。Atomでは、未保存の場合はタブの右側に青い丸が表示されますので、これを目安にしてください。

　ファイルの保存はメニューから【ファイル】→【保存】を選択するほかに、[Ctrl] + [s]

キー（Macの場合は【command】+【s】）でも行うことができます。プログラミングに慣れてきたら、修正後に［Ctrl］+［s］を押す癖をつけるようにしましょう。

鉄板プログラムの実行

では作成したPHPプログラムを実行してみましょう。記念すべき、はじめの一歩「Hello World」は表示されるでしょうか。といっても、PHPプログラムはWebサーバーが動作していなければ実行されません。必ずMAMPを起動し、「Apache Server」の右のマークを確認してください。

みなさんがはじめて作ったPHPプログラムを、実行してみましょう。みなさんのPCの「公開されるフォルダ」にあるPHPプログラムを実行する場合、ブラウザのアドレスバーに「http://localhost/〜.php」のように入力します。

体験17　プログラムを実行してみよう

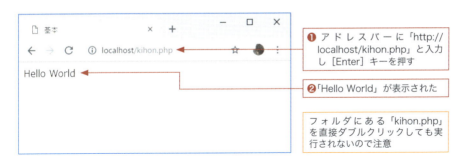

02-02　イラストを入れましょう

日本語と画像を入れよう！

「Hello World」は無事表示されましたか？　おめでとうございます。でもこれだけじゃおもしろくありませんね。日本語とイラスト画像を追加してみましょう。追加するプログラムは「print "<p>ジャンケンしよ！</p>";」と「print "<img src='boy.gif'>";」の2行です。「<p>ジャンケンしよ！</p>」の文字列、そして「<img src='boy.gif'>」の文字列を書き出せ、という命令ですね。

＜〜＞がタグです。HTML ではタグを使って、「文章や画像、リンクなどをどのように表示させるか」を指定し、Web ブラウザはタグを理解することで、指定された表示を行います。つまりタグのついた文字列を print で出力すれば、タグの機能によりさまざまな表示を行うことができるというわけです。

みなさんは P.38 で、kihon.php に「print "Hello World";」という 1 行のプログラムを入力したはずです。これに赤字の部分のプログラムを追加します。

体験18　日本語と画像を表示するプログラム

【ファイル名】kihon.php （ HELP ⇒ kihon_02.php）

```
...
<body>
<?php
print "Hello World";
print "<p>ジャンケンしよ！</p>";
print "<img src='boy.gif'>";
?>
</body>
</html>
```

改行と日本語を出力する
画像を表示する

❶修正したら【ファイル】→【保存】で上書き保存する

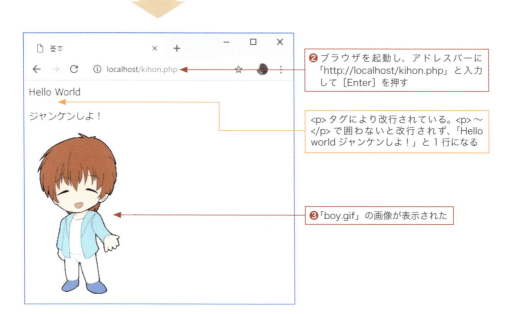

❷ブラウザを起動し、アドレスバーに「http://localhost/kihon.php」と入力して［Enter］を押す

<p>タグにより改行されている。<p>〜</p>で囲わないと改行されず、「Hello world ジャンケンしよ！」と 1 行になる

❸「boy.gif」の画像が表示された

実際に書き出されたWebページは？

たとえば「print "<p>ジャンケンしよ！</p>";」を実行した、ということは「<p>ジャンケンしよ！</p>」の文字列をWebページに書き出した、ということですよね。タグって、いったいどうやって使うのでしょうか。実際に書き出されたWebページを見てみましょう。

実際に書き出されたWebページを見てみましょう。HTMLファイルに書かれている内容である「ソース」は、ブラウザで右クリック→【ソースの表示】などで表示できます。

知識14 Webページとソースを比較

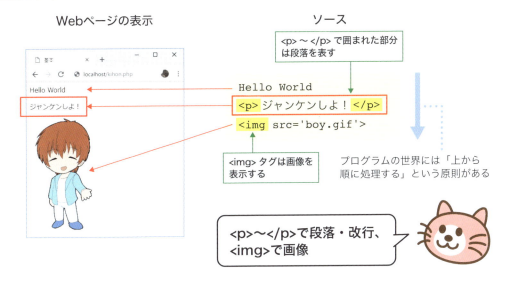

タグには、<p>文字列</p>のように文字列の前後を囲うものと、<img>のように囲わないものの2種類があります。**<p>**タグは「段落を作る」、そして**<img>**タグは「<img src='画像ファイル名'>」の形式で指定する画像ファイルを表示します。

知識15 タグの形式

<p>タグの「段落を作る」の意味が漠然としていますが、たいていは<p>〜</p>の前後に改行が自動的に挿入されると考えてください。

また<img>タグは「画像を表示する」という機能を持っていますが、表示したい画像は場合によって異なるので、どの画像を表示するかは決められていません。それを設定するのがsrc属性だと考えてください。つまりsrc属性を指定しないとどの画像を表示するかわからないので、何も表示されない結果となります。HTMLのタグはさまざまな属性を持っていて、<img>タグのsrc属性のように必須のものもあれば、そうでないものもあります。本書はHTMLの解説書ではないので、タグや属性の解説は最低限に抑えてあります。もっと詳しく知りたいという方は、HTMLの解説を参照しましょう。

ところで、<img>タグのsrc属性で指定する値を「'」で囲って「<img src='boy.gif'>」とし、この文字列をprintで書き出しました。今回、「<img src='boy.gif'>」の文字列全体は"で囲って「print "<img src='boy.gif'>"」としています。ところがこれを「"で囲った中に"を入れる」とか「'で囲った中に'を入れる」とエラーになってしまうので注意してください。

知識 16　エラーになる " と ' の使い方、本書の使い方

02-03 コンピュータとジャンケンで戦う

怪しげな数字を表示させてみよう

PHPファイルは動的なWebページを作ることができます。つまり単純なHTMLファイルと違って、アクセスするたびに違うコンテンツにすることができます。今度は「何が表示されるか予想できない」そんなPHPプログラムに挑戦してみましょう。

まずはP.40のプログラムを変更してみます。少年のイラスト表示部分である「print "<img src='boy.gif'>"」を、次のように「print rand()」と変更し、そして実行してみてください。何か怪しげな「rand()」を書き出すプログラムのようですが、さて、いったい何が表示されるでしょうか？

体験19 関数を使ってみよう

【ファイル名】kihon.php（ HELP ⇒ kihon_03.php）

```
...
<body>
<?php
print "Hello World";
print "<p>ジャンケンしよ！</p>";
print rand();        ← このように変更
?>
</body>
</html>
```

❶修正したら【ファイル】→【保存】で上書き保存する

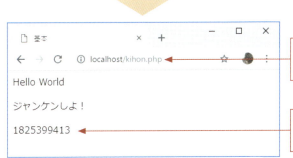

❷アドレスバーに「http://localhost/kihon.php」と入力し、[Enter]キーを押す

❸何やら、怪しげな数字が・・・。この数字は乱数（規則性のない数字）、ページを更新するたびに値が変化する

関数とは、何らかの処理をして結果を出すものです。rand も関数であり、これは「乱数を発生」します。ここでいう乱数とは 0 以上の整数を意味し、上限はこれを実行する OS ごとに異なります。細かいことは置いておいて、とにかくメチャクチャな数字が表示されると思ってください。

rand のように関数の名前の後には必ず ( ) をつけます。( ) の中に何らかのデータを記述する場合もあり、これを **引数**（ひきすう）といいます。引数に何を指定するかは関数ごとに決められており、今回のように引数を書かない場合もあります。

知識 17　関数とは

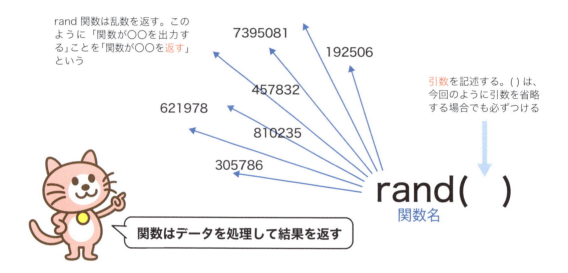

関数はデータを処理して結果を返す

怪しげな数字を入れ物に保管しておこう！

変数とはデータを保管する入れ物のことです。今度は、rand 関数が返した乱数を一度、変数に保管してから、その値を書き出してみることにしましょう。データの入れ物である変数。今回は、その変数の名前をとりあえず「$a」としてみます。

P.43 の「print rand();」を次のような 2 行にしてみます。このようにしても、プログラムはまったく同じように動作します。

体験20　変数を使ってみよう

【ファイル名】kihon.php（HELP ⇒ kihon_04.php）

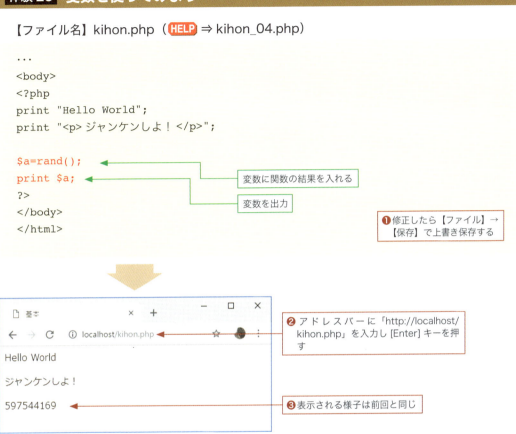

```
...
<body>
<?php
print "Hello World";
print "<p>ジャンケンしよ！</p>";

$a=rand();       ← 変数に関数の結果を入れる
print $a;        ← 変数を出力
?>
</body>
</html>
```

❶ 修正したら【ファイル】→【保存】で上書き保存する

❷ アドレスバーに「http://localhost/kihon.php」を入力し [Enter] キーを押す

❸ 表示される様子は前回と同じ

　「$a=rand();」の書き方が不思議だと思う方もいるかもしれませんね。実はプログラミングの世界では、**「=」**は**「代入」**を意味します。たとえば「○ = ×」は「○と×は等しい」ではなく、「×を○に入れる」となります。rand 関数は乱数で何かの数字を出すのですよね。つまり「$a=rand();」は、「rand 関数が出したデータを、変数 $a に保管する」ということになります。

　変数には数値や文字列なども代入できますが、上記のように関数や別の変数を代入することもできます。ただし、関数の場合はその実行結果が、別の変数の場合はその内容が代入されることになるので、その点をおぼえておきましょう。

　そして $a に保管したデータを次の「print $a;」で書き出しているのですね。

知識 18 「$a=rand()」は何をしているのか？

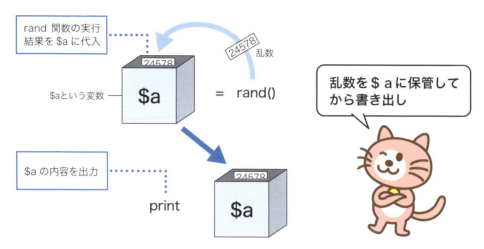

今回は $a という名前の変数を使いました。でも、変数の名前(変数名)はみなさんが自由に決めることができるのです。本書ではプログラムを読みやすくするために、$a や $d のような短い名前を使いますが、みなさんは自分的にわかりやすい名前を使ってください。ただし次の規則だけは守る必要があります。

知識 19 通常の変数の名前をつける規則

グー、チョキ、パーをランダムに

> サンプルファイルはコピーしましたね？ もしコピーしていればグー、チョキ、パーの画像「gu.gif」「choki.gif」「pa.gif」も htdocs フォルダに入っているはずです。つまり <img src='choki.gif'> を print で書き出せば「チョキ画像が表示される」ということです。でも、いつもチョキじゃおもしろくありません。表示のたびに変化してドキドキ勝負する方法を考えてみましょう。

　いよいよ「いかにもプログラム」という感じのコードになります。ここからプログラムとして入力する文字が増えるので注意してください。「;」を忘れただけでもプログラムは動きません。「{」と「}」で1つの処理、「(」と「)」で1つの条件などを囲うことを意識して入力しましょう。プログラムの意味は後で説明します。

　まずは PC とジャンケンで戦ってみましょう！ 先ほど入力した2行を以下のように修正します。

体験21　ジャンケン画像をランダムに表示する

【ファイル名】kihon.php（ HELP ⇒ kihon_05.php）

```
...
<body>
<?php
print "Hello World";
print "<p>ジャンケンしよ！</p>";
$a=rand(1,3);           ← rand 関数に引数を指定する
if($a==1){
    print "<img src= 'gu.gif'>";
}elseif($a==2){
    print "<img src='choki.gif'>";     ← これが if 文
}else{
    print "<img src='pa.gif'>";
}
?>
</body>
</html>
```

❶修正したら【ファイル】→【保存】で上書き保存する

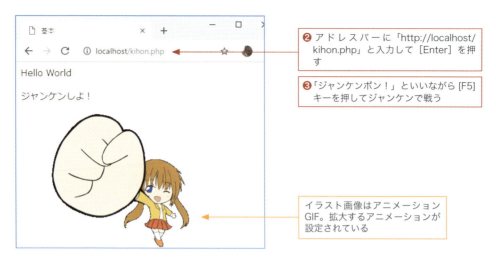

プログラムが長くなったので、解説も少しだけ長くなります。ちょっとだけ我慢しておつきあいください。

先ほど、関数の引数というものを簡単に紹介しましたが、引数とは関数の動作を変更するためのものです。関数によっては処理対象を引数で指定するものもあります。

前述のとおり、rand 関数は引数なしで実行すると、0 以上 2147483647 以下（64 ビット版 Windows の場合）の整数を返します。しかし、引数を **rand(最小値 , 最大値)** のように指定すると、最小値から最大値の間の整数を返します。つまり「rand(1,3)」は「1」「2」「3」のどれかを返します。

知識 20　引数を指定した rand 関数

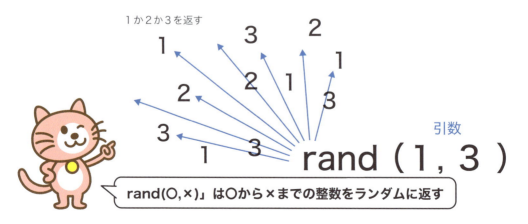

rand(1,3) は 1 〜 3 のどれかをランダムに発生させるのですから、「$a=rand(1,3)」で「$a には 1 か 2 か 3 のどれかが入る」ということですよね。この $a の値によって「もし〜なら〜」と、処理を変化させるのが **if** です。if は次のような形式で使います。

知識21 if の構文

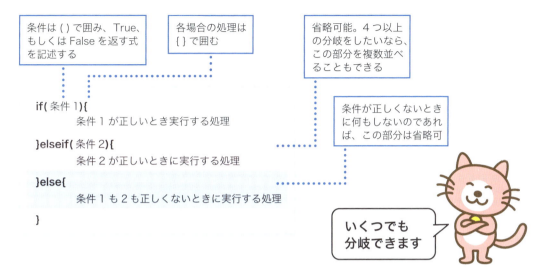

　この if の構文を使って、$a が 1 ならグー、2 ならチョキ、3 ならパーを表示しています。条件は「A>B（大きい）」「A==B（同じ）」みたいに書きます。
　「==」が不思議ですか？　PHPでは「等しい」は「=」でなく「==」と書きます。$a の中身が 1 のときは「$a==1」は正しくなり、このとき「$a==1」は **True** という値を返します。そして $a が 1 でないときは「$a==1」は誤りとなり **False** という値を返します。「True」は「正しいよ！」、「False」は「違っているよ！」ということを表します。

知識22 今回の処理を if の構文に当てはめてみると…

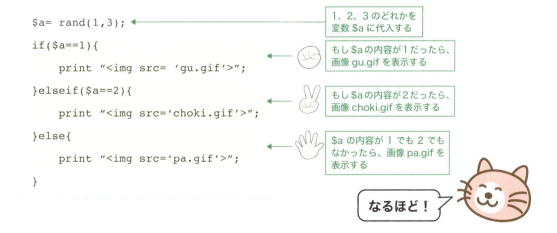

今回実行した内容をまとめると次のようになります。ま、難しく考えずになんとなく if を使えば、3 つの違うことができるんだと思っていただければ OK です。

条件に一致しているかどうかを判断するとき使う記号を**比較演算子**といいます。比較演算子には以下のような種類があり、これらを使用した式は前述のように「True」、もしくは「False」の値を返します。

知識 23 PHP で使える比較演算子

使用例	意味
A==B	「A は B に等しい」ときに True を返す
A===B	「A は B に等しく、型も同じ」ときに True を返す
A>B	「A は B より大きい」ときに True を返す
A>=B	「A は B 以上」のときに True を返す
A<B	「A は B 未満」のときに True を返す
A<=B	「A は B 以下」のときに True を返す
A<>B	「A は B と等しくない」ときに True を返す
A!=B	「A は B と等しくない」ときに True を返す
A!==B	「A は B と等しくないか、型が異なる」ときに True を返す

比較演算子を使った式は True、もしくは False を返す

なお、今回は比較演算子を使用していますが、if の条件には「True」もしくは「False」を返すものなら、なんでも記述することができます。この件については、後でまた解説します。

第03章

こんにちはでござる（送受信・HTML編）

ニンジャ語コンバーターを作ってみましょう。ネコ語コンバーター、イヌ語コンバーター、関西弁風コンバーター!? にも、すぐに変更可能です。お仕事、お勉強で疲れたとき。お好きなコンバーターに向かってつぶやいてみましょう。きっと疲れがとんでいくはずです。第03章では、データを送受信するプログラムを体験します。

03-01 GET送信について知ろう

URLに「?a=〜」をつけると…

「データを送るWebページ」、そして「送られたデータを処理する」プログラムを作ってみましょう。本格的ですね。さて、送る側のWebページ、そして受け取る側のプログラムは、いったいどこに置きますか？ もちろん！ 両方ともWebサーバー。今回は、みなさんの目の前のPCということになります。

　ショッピングサイトで何かを購入する場合、数量を指定すると指定した数値が確認画面に表示されますよね。この場合、ユーザーが入力した数量をWebサーバーが受け取って、その数量を確認画面に表示するようなプログラムを書く必要があります。そのようなときに利用できるのが **$_GET** です。

　最初に作っていただくプログラムは「print $_GET["a"]」のたった1行だけ。やってることは単純です。「$_GET["a"]」をprintする」。つまり$_GET["a"]を書き出しているだけです。

　Atomのツリービューからuke.phpを開いてください。このファイルもスケルトンになっていますので、<body>〜</body>の間に以下のプログラムを入力してください。

体験22 データを受け取るプログラムを作ろう

【ファイル名】uke.php（ HELP ⇒ uke_01.php）

```
<!DOCTYPE html>
<html>
<head>
<meta charset="utf-8">
<title> 受信 </title>
</head>
<body>
<?php
print $_GET["a"];    ← この部分を追加
?>
</body>
</html>
```

❶ プログラムの入力が終了したら【ファイル】→【保存】で上書き保存する

では上記の「uke.php」を、ブラウザで開いたらどうなるでしょうか？　あらかじめ、MAMPとApacheが起動しているのを確認（→P.22）しておいてください。

体験23　uke.phpへアクセスしてみよう

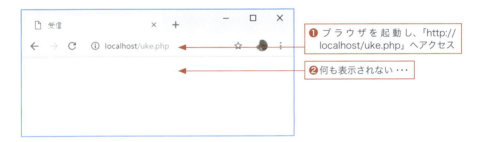

❶ ブラウザを起動し、「http://localhost/uke.php」へアクセス

❷ 何も表示されない…

がっかりしないでください。単純にuke.phpを実行しても、残念ながら何も表示されません。前述のとおり、uke.phpは、単純に$_GET["a"]を書き出すだけのプログラムです。これを実行しても何も表示されなかったということは、つまり、$_GET["a"]には何も入っていなかったのだ、ということです。

では次です。先ほど入力したURL「http://localhost/uke.php」の後に、今度は「?=Hello World」をつけて実行してください。URLに文字をくっつけるのですね。さて、どうなるでしょうか。

体験24 URLに「?a=Hello World」をつけてみよう

❶ 今度は、URLの最後に「?a=Hello World」をつけて開く。半角のスペースは勝手に「%20」に変換されるが無視してよい

❷ 何と、Hello Worldが表示された。どうやら、URLに「?a=文字列」をつけるとデータ（文字列）が送れるらしい

いったい何が起こったの？

何と、URLに「?a=Hello World」をつけて「uke.php」にアクセスしたら、「Hello World」と表示されました。確か「uke.php」は「print $_GET["a"]」の1行だけですよね？つまり「$_GET["a"]」が「Hello World」と同じということでしょうか？

　実はURLに「?a=文字列」をつけると、$_GET["a"]で文字列が受け取れるのです。もし「?b=文字列」をつけたら、$_GET["b"]で受け取れますし、「?panda=文字列」をつけたら、$_GET["panda"]で受け取れます。「?a=文字列」の「a」は「送信データの名前」になります。なお今回は半角英数字のデータを送りましたが、日本語（2バイト文字）を送る場合、環境によっては文字化けが起こります。

知識24 URLに「?a=文字列」をつけると

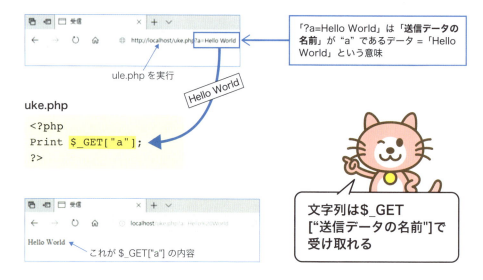

$が頭についてることからわかるように $_GET は変数です。以前、変数の名前は勝手に決められると説明しました（→ P.46）。しかし、$_GET["xx"] という変数は「xx の名前で送られたデータが入るもの」と PHP では最初から決められているのです。加えて変数の作成やデータの代入も PHP のシステム側で行われるので、ユーザーは何もしないで使うことができます。

このように PHP で最初から役割が定義されている変数を**スーパーグローバル変数**、もしくは「組み込み変数」といいます。このような変数はたいてい _（アンダーバー）から始まる大文字のアルファベットで名前がつけられていますので、プログラマが定義する変数と見分けがつきやすくなっています。

次は PHP で定義されている主なスーパーグローバル変数です。ここでは「いっぱいあるなあ」と思っていただければ OK です。本書で使うのは $_GET と $_POST だけです。

知識 25　スーパーグローバル変数

使用例	意味
$_SERVER	サーバー情報と実行時の環境情報
$_GET	GET 送信されたデータ（今回使いました）
$_POST	POST 送信されたデータ（P.61 で使います）
$_COOKIE	Cookie の値
$_FILES	アップロードしたファイルの情報
$_REQUEST	HTTP リクエストのすべての情報
$_SESSION	セッションに関する情報
$_ENV	環境変数

スーパーグローバル変数は定義しなくても、いつでも使える！

$_GET には、これまで紹介した変数とは違って変数名の後に [ ] がついています。このような変数は「**配列**」変数といい、1 つの変数に複数の値を保存できるという特徴があります。使用する場合は **$ 変数名 [～]** の形で使い、～の部分で保存してある複数の値から 1 つを特定します。

$_GET が配列変数になっているのは、たとえばショッピングサイトでは「商品名」と「単価」と「個数」などをひとくくりで扱いたい場合が多いですし、掲示板では書き込んだ人の「ID」と「メッセージ」を同じくひとくくりで扱いたいことが多いためです。配列を使うと、上記のような複数の値を 1 つの変数で扱えるので、プログラムを簡素化することが可能です。

知識26 $_GET は配列

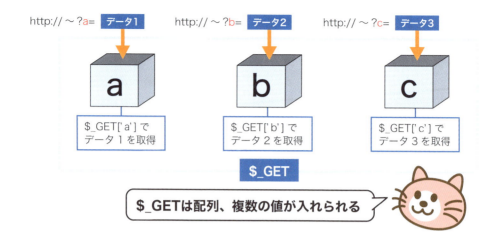

送信用の Web ページを作ろう

URL にデータをつけるという方法でデータを送信することができました。でもこれじゃ実用的とはいえないですよね。多少実用的にするために送信用の Web ページを作って送信しましょう。よく、[送信] ボタンをクリックして送信する Web ページがありますが、これは <form> というタグを使っています。

「フォーム」とは、ユーザーが入力したデータを Web サーバーに送るための Web ページを指します。「uke.php」にデータを送るフォームを作りましょう。今回は特に PHP プログラムは入力しません。ただの HTML ファイルなので、拡張子は「.html」になります。

Atom のツリービューで okuri.html を選択し、<body> 〜 </body> の間に次のコードを入力してください。

[体験25] フォームを作ろう

【ファイル名】okuri.html （HELP ⇒ okuri_01.html）

```
...
<body>
<p>何かしゃべって！</p>
<form action="uke.php">
<input type="text" name="a">
<input type="submit" value=" 送信するよ ">
</form>
```

この部分がフォーム

```
    </body>
</html>
```

フォームを構成するHTMLタグの解説は次節で行いますので、まずは作成したokuri.htmlを使ってデータを送信してみましょう。

体験26 フォームを使ってみよう

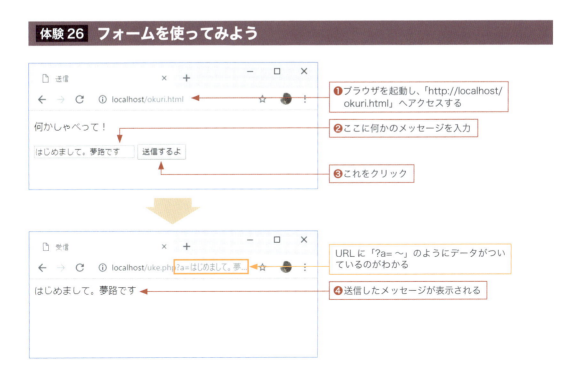

URLを確認してください。okuri.htmlの送信ボタン（「送信するよ」）をクリックすると画面が切り替わって、uke.phpになります。そしてuke.phpではokuri.htmlのテキストボックスに入力された文字列が表示されています。これでokuri.htmlからuke.phpに文字列が受け渡されたことが確認できましたね。

また、uke.phpのURLの最後に「?a=フォームから送られた文字列」が追加されているのが確認できます。ただしフォームから送られた文字列が日本語（2バイト文字列）の場合、ブラウザによっては「%E5%9B%B0%E3…」のような意味不明の文字列で表示される場合もあります。これはURLエンコーディングという技術が関連しているのですが、本書では詳しく解説しません。

フォームってどんなもの？

> Webページからのデータ送信は、うまくいきましたか？　今回使用したフォームには、データを入力・送信するためのテキストボックスや送信ボタンがありました。これらを作るときは、<form>～</form>の間に<input>タグを記述します。

まずはフォームの構造について解説します。

<form> タグはフォームの範囲を設定するもので、画面に何かを表示するものではありません。<form>がフォームの始まり、</form>がフォームの終わりを表します。<form>～</form>の中にはフォーム用のタグを置きますが、その代表的なものが**<input>**タグです。

知識27　今回作ったフォームの構造

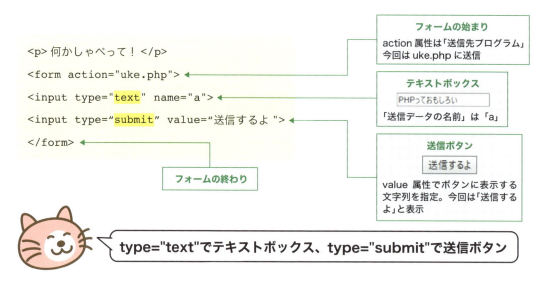

type="text"でテキストボックス、type="submit"で送信ボタン

<input> タグは、type 属性を「text」にするとテキストボックス、「submit」にすると送信ボタンになります。type 属性はこの <input> タグの用途を設定するもので、テキストボックスや送信ボタンのほか、ラジオボタンやチェックボックスに変化させることもできます。また value 属性は表示する文字列を指定するもので、送信ボタンに表示されている「送信するよ」の文字列はここで設定しています。

次にデータの流れについて解説します。フォームから送信されるデータの送信先は <form> タグの action 属性で指定します。今回は「action="uke.php"」としているので「uke.php」にデータを送ることになります。

またテキストボックスを表示する <input> タグには、name 属性に「a」が指定してあります。name 属性は、このテキストボックスに入力された文字列につける名前を設定するものです。ここでは「a」という名前が設定されて uke.php へ送られることになり、PHP のシステムはこれをスーパーグローバル変数 $_GET に代入します。uke.php では $_GET['a'] とすることで、テキストボックスに入力された文字列が取り出せます。

知識 28 okuri.html から uke.php に送信

GET と POST

今まで紹介したデータ送信は「URLにデータをくっつけて送る」という仕組みでした。フォームから送信しても結局、URL に「?a=〜」のようにデータをつけて送ることになります。この仕組みを **GET 送信**と呼びます。

　GET 送信では URL にむき出しのデータがくっつけられてネットワークを流れますので、セキュリティ上はあまり好ましくありません。データの受け渡しには GET 送信だけでなく **POST 送信**という方法もあり、<form> タグの method 属性に「post」を指定すると POST 通信になります。実際、フォームによるデータ送信は POST 送信が使われるのがほとんどです。POST 送信の場合、データは URL ではなく別の方法で送られるほか、GET 送信にはないメリットがあります。

知識 29　GET 送信と POST 送信の特徴

GET送信
① ＵＲＬに送信データを付けるため外部から丸見え。
　不正なデータを送信される可能性も
② <form> で method 属性を指定しない、$_GET でデータ受取り
③ 送信できるデータはテキストだけ、送信できる情報量に制限有り

POST送信
① ＵＲＬにデータを付けないので、外部から見えにくい
② <form> で「method="post"」と指定、$_POST[ ] でデータ受取り
③ 画像など、すべての種類のデータが送信できる。
　大量のデータも送信可

　POST 送信で送られたデータは $_GET ではなく、$_POST というスーパーグローバル変数に格納されます。この節のサンプルを POST 送信で書き換える場合は、次のようになります。okuri.html と uke.php を以下のように書き換えて、実行してみましょう。

体験27　POST送信を使ってみよう

【ファイル名】okuri.html（HELP ⇒ okuri_02.html）

```
...
<form action="uke.php" method="post">
<input type="text" name="a">
<input type="submit" value=" 送信するよ ">
</form>
...
```

❷修正が終わったら、【ファイル】→【保存】で上書き保存する

【ファイル名】uke.php（HELP ⇒ uke_02.php）

```
...
<body>
<?php
print $_POST["a"];
?>
</body>
</html>
```

❶追加が終わったら、【ファイル】→【保存】で上書き保存する

❸ブラウザを起動し、「http://localhost/okuri.html」へアクセスする

❹メッセージを入力して送信

フォームの表示はまったく同じ

URLには何も追加されていない

❺送信したメッセージが表示される

03-02 ニンジャ語コンバーター、ネコ語対応版もあり

「送り」と「受け」をくっつけたらどうなる

「okuri.html」はデータを送信し、「uke.php」は受け取ったデータを Web ページに書き出しました。では、ここでちょっとおもしろい実験を。「送信の okuri.html」と「受信の uke.php」2 つのプログラムを、くっつけて 1 つにしたらどうなるでしょうか？

　先ほどは送信側のフォームと受信側の PHP プログラムを別のファイルに記述しましたが、1 つのファイルで送信側と受信側を兼ねることもできます。では、Atom のツリービューから ninja.php を開いて、<body>〜</body> の間に次のようなプログラムを記述してください。

体験 28　送り側と受け側を 1 つにしよう

【ファイル名】ninja.php（ HELP ⇒ ninja_01.php）

```
<!DOCTYPE html>
<html>
<head>
<meta charset="utf-8">
<title> 送受信 </title>
</head>
<body>
<p> 何かしゃべって！ </p>
<form>
<input type="text" name="a">
<input type="submit" value=" 送信するよ！">
</form>

<?php
print $_GET["a"];
?>

</body>
</html>
```

okuri.html とほとんど同じ

uke.php とまったく同じ

ごらんのように ninja.php は、okuri.html と uke.php を合わせたような内容になっています。前述のとおり、<form> タグでは action 属性で「送信先」を指定しているのですが（→P.59）、ここでは action 属性を記述していません。こうするとフォームに入力されたデータは自分自身（ninja.php）に送られることになります。

なお、ここでは GET 送信を使っていますが、これは動作の確認がしやすいようにするためなので POST 送信にしても動作自体は変わりません。ただその場合は $_GET ではなく、$_POST を使ってください。

次に実際にメッセージを送信してみます。

体験 29　実行してみよう

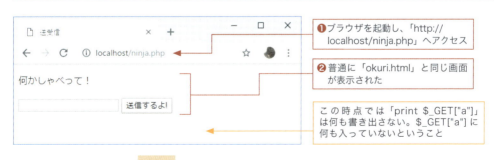

❸ なんでもいいが「Hello World」と入力する

❹ これをクリック

「ninja.php」が送信したデータは「ninja.php」が受け取ったらしい

❺ 「Hello World」が表示された！

　自分自身に送信するという意味がわかりにくいかもしれませんね。URLの変化を見るとわかりますが、送信ボタンがクリックされるとninja.phpがもう一度呼び出されています。このときURLの末尾にはテキストボックスに入力された文字列が、「?a="～"」の形式で付加されています。これにより$_GETに文字列が格納されるので、2回目は「print $_GET["a"];」で画面出力されます。

ニンジャ語コンバーターアプリにブラッシュアップ

> action属性を記述しないと、フォームの内容を自分自身に送ることができるのはわかりました。そこでここでは、先ほどのninja.phpを修正して、何度でも使える「ニンジャ語コンバーター」を作ってみたいと思います。

　ここでいう「ニンジャ語コンバーター」とは、フォームに何か文字列を入力して送信ボタンをクリックすると、入力された文字列に「でござる」を足して表示します。

　また、はじめてこのページを開いたときは、「何かしゃべって！」と表示します。この機能を実現するためには「変数（この場合は$_GET）が存在するかどうかを調べる」必要があります。

体験30 ニンジャ語コンバーターを作ろう

【ファイル名】ninja.php（ HELP ⇒ ninja_02.php）

```
...
<body>
                    ←「何かしゃべって！」をカット
<form>
<input type="text" name="a">
<input type="submit" value=" 送信するよ！ ">
</form>

<?php
print isset($_GET["a"])?$_GET["a"]." でござる ":" 何かしゃべって！ ";
?>
<img src="nin.gif">
</body>
</html>
```

❶修正が終了したら、【ファイル】→【保存】で上書き保存する

　せっかくなので「nin.gif」の画像ファイルも <img> タグで入れました。print 以下の記述についての説明は後でします。とりあえず実行して楽しんでみることにしましょう。ちなみに「." でござる "」は「ニンジャ語対応版」です。「ネコ語対応」にするなら「." だニャン "」、「イヌ語対応」にするなら「." だワン "」、「関西弁風対応」にするなら「." やねん "」に書き換えてください。

体験31 ニンジャ語コンバーターを使ってみよう

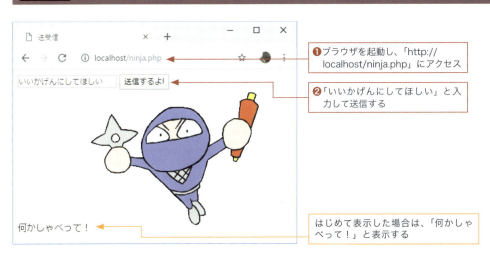

❶ブラウザを起動し、「http://localhost/ninja.php」にアクセス

❷「いいかげんにしてほしい」と入力して送信する

はじめて表示した場合は、「何かしゃべって！」と表示する

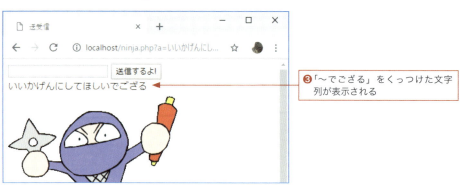

❸「〜でござる」をくっつけた文字列が表示される

三項演算子って何だろう？

今回は1行がちょっと長めのコードを書きました。一見してもプログラムの意味がなかなかわかりにくいので、パーツに分解しながら解説していきましょう。

print文に渡しているコードを切り取ってみると、以下のようになっています。

```
isset($_GET["a"])?$_GET["a"]." でござる ":" 何かしゃべって！ "
```

そして上記をよくみると「□□？○○：××」という形式になっていることがわかります。これを**三項演算子**といい、手っ取り早くいうとP.48で紹介したif文を簡略化して書くための仕組みです。□□に条件を書き、□□が正しければ○○を返し、間違っていれば××を返します。条件にはif文の場合と同じく、True、もしくはFalseを返すものを記述します。

知識30 三項演算子の構文

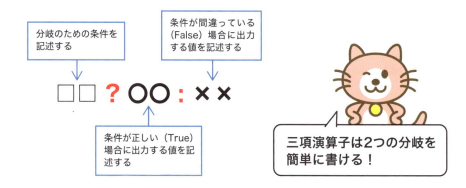

たとえば「print 5>3?" 大きいよ ":" 小さいよ "」は、「5>3」が True なら「大きいよ」、False なら「小さいよ」を print で書き出すことになります。もちろん「5>3」は正しいので、「大きいよ」になります。

先ほどのコードに戻ると、条件の部分は「isset($_GET["a"])」となっています。P.50 では条件に比較演算子を使用しましたが、**isset** は引数に指定した変数に値がセットされていれば True を、そうでなければ False を返す関数です。この場合は「変数 $_GET 内に a という名前をつけられた値が存在すれば」という意味になります。このように True、もしくは False を返すものなら、関数を条件に指定することも可能です。

前述のようにテキストボックスに入力された文字列は、送信ボタンにより Web サーバーに送られて、変数 $_GET に a という名前で保存されます。そしてこの a が存在するならば「$_GET["a"]." でござる "」を、存在しなければ「" 何かしゃべって！"」を print 文で出力します。最初に ninja.php をブラウザで開いたときに、「何かしゃべって！」と表示されたのは、$_GET が空だったからです。

次に a が存在するときに出力される「$_GET["a"]." でござる "」ですが、「.」は文字列を結合することを意味します。つまり、「$_GET["a"]」と「" でござる "」をつなげた文字列になります。先ほどの実行例で、「いいかげんにしてほしい」という文字列を送ると「いいかげんにしてほしい＋でござる」と表示されたのは、このような理由です。まとめると、次のような流れになります。

知識31　三項演算子をこう使っていた！

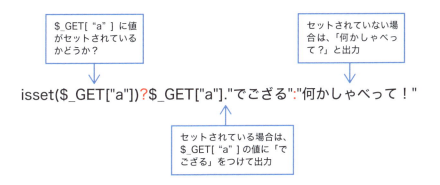

このように三項演算子を使うと条件分岐の処理を簡単に書くことができて便利です。先ほどの print 文を通常の if 文で書き直すと次のようになります。

知識 32　普通の if で書いてみました

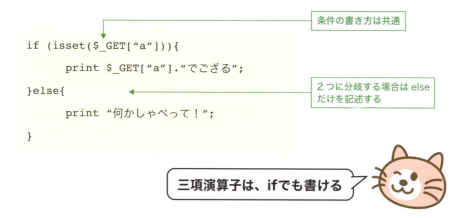

```
if (isset($_GET["a"])){
    print $_GET["a"]."でござる";
}else{
    print "何かしゃべって！";
}
```

条件の書き方は共通

2つに分岐する場合は else だけを記述する

三項演算子は、ifでも書ける

　P.49 で紹介した if 文は 3 つ以上に処理を分岐したので、「if 〜 elseif 〜 else」という形式になっていましたが、この例のように 2 つに分岐すればよい場合は elseif を省略します。また、2 つに分岐する場合でも、条件が False のときに何も処理をしないのであれば、else も省略できます。

　なお、if 文をいつでも三項演算子で代替できるかというと、そういうわけではありません。三項演算子は、True、もしくは False のときに実行する処理を 1 行しか書くことができないためです。複数行に渡る処理を行いたい場合は、if 文を使用してください。

悪意のあるタグを体験する

入力した文字列に「でござる」をつけて Web ページに書き出す「ニンジャ語コンバーターアプリ」を作りました。一般に公開してもいけそうですよね。でも実はこれ、完全な欠陥プログラムなんです！

　このニンジャ語コンバーターは簡単なお遊びプログラムなのですが、文字列ならなんでも送れてしまうので、送る人に悪意がある場合は予想外の実行結果が起こることもあります。先ほどの ninja.php を開いてください。

体験32 タグを送信してみよう

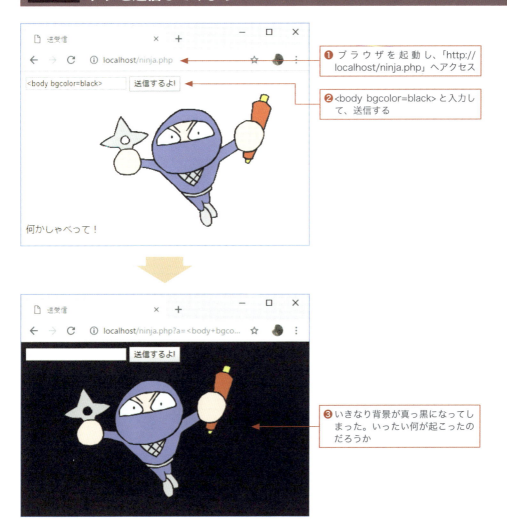

❶ ブラウザを起動し、「http://localhost/ninja.php」へアクセス

❷ <body bgcolor=black> と入力して、送信する

❸ いきなり背景が真っ黒になってしまった。いったい何が起こったのだろうか

　<body bgcolor=black> を送ったら真っ黒になってしまいました。black を red とすれば真っ赤になってしまいます。このようにフォームで入力されたタグをそのまま書き出すと、予期せぬことが起こる場合もあります。

　では真っ黒になってしまったページのソースを見てみましょう。前述のとおり、ソースの表示方法はブラウザによって多少異なりますが、たいていはソースを見たいページの上で右クリックして、「ソースを表示」に類するメニュー項目を選択してください。

体験 33　いったい何が起こったのか？

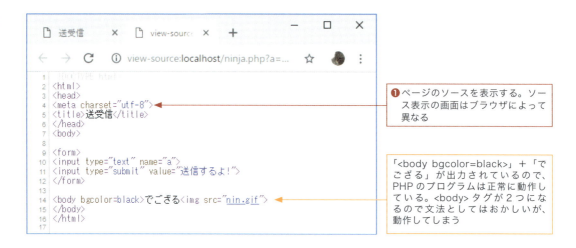

❶ ページのソースを表示する。ソース表示の画面はブラウザによって異なる

「<body bgcolor=black>」＋「でござる」が出力されているので、PHP のプログラムは正常に動作している。<body> タグが 2 つになるので文法としてはおかしいが、動作してしまう

　<body bgcolor=black> は、「画面の背景色を黒にせよ」という意味で、使用している bgcolor 属性は現行バージョンの HTML では廃止されているのですが、たいていのブラウザでは互換性のために動作してしまいます。

　もう 1 つ試してみましょう。

体験 34　タグを送信する　パート 2

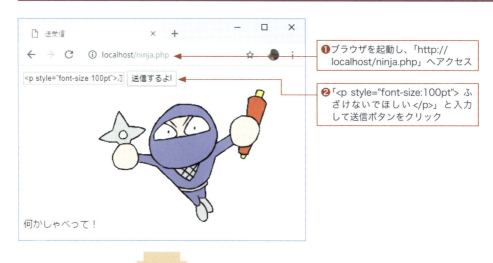

❶ ブラウザを起動し、「http://localhost/ninja.php」へアクセス

❷ 「<p style="font-size:100pt"> ふざけないでほしい </p>」と入力して送信ボタンをクリック

❸巨大な文字が表示される

今度は文字が大きくなってしまいました。

今回は背景が真っ黒になったり、文字が大きくなるくらいですみましたが、Webページでの入力をそのまま画面に書き出すプログラムは危険です。HTMLタグの中にはJavaScriptなどのスクリプトを実行できるものがありますので、悪意ある人間がWebサーバーやPHPのシステムを誤動作させるプログラムをフォームから送りつけるということもあり得ます。

タグを無効化する

入力された文字を直接Webページに書き出してしまうアプリケーションは危険だ、ということがわかりました。一般に公開するWebアプリケーションでは、タグによる攻撃を防ぐ仕組みを作ることは必須です。

とりあえず含まれるタグを無効にしてから書き出すように、ninja.phpを改良しておきましょう。**htmlspecialchars**は、タグなどの特殊文字を無害な文字に変換する関数ですが、これについては後述しますのでまずは動作を確認してみましょう。これまで修正してきたninja.phpを、さらに以下のように修正します。

体験 35　タグを無効化するプログラムを追加しよう

【ファイル名】ninja.php（ HELP ⇒ ninja_03.php）

```
...
<?php
$mozi=htmlspecialchars($_GET["a"], ENT_QUOTES);
print isset($_GET["a"])?$mozi." でござる ":" 何かしゃべって！ ";
?>

<img src="nin.gif">
...
```

❶修正が完了したら【ファイル】→【保存】でファイルを保存する

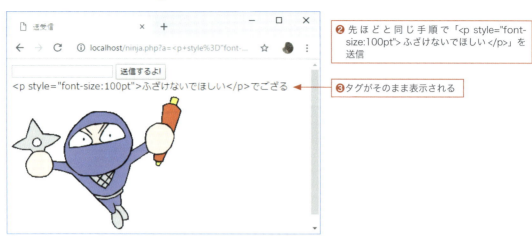

❷ 先ほどと同じ手順で「<p style="font-size:100pt">ふざけないでほしい</p>」を送信

❸ タグがそのまま表示される

　タグによる攻撃はこれで防げますね。恐怖のタグから救ってくれるこのhtmlspecialcharsって、いったい何者なのでしょうか？　通常、＜と＞で囲まれた部分はタグだとブラウザから判断されてしまいますので、上記のようにそのまま表示されることはありません。いったいどうなっているのかソースを見てみましょう。

体験 36　ソースを見てみよう

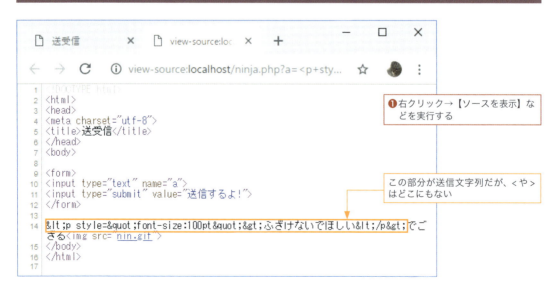

❶ 右クリック→【ソースを表示】などを実行する

この部分が送信文字列だが、＜や＞はどこにもない

　驚くことにソースの中に「＜」や「＞」、「"」がなくなって、別の文字に変えられているにもかかわらず、ブラウザの画面上は元の文字が表示されています。htmlspecialchars関数

は、たとえば「<」を「<」という文字列に変換するのが役割です。そして、なぜ「≪」が「<」で表示されるかというと、そのようにHTMLの仕様で決められてて、ブラウザにその機能が実装されているためです。

知識33 htmlspecialchars 関数とは

書式: hemlspecialchars(タグを無効化する文字列, ENT_QUOTES)

- タグの一部と見なされる可能性のある記号を無害なものに変換する関数
- この例では送信された文字列である $_GET['a'] を渡している
- 「'」(シングルクォーテーションも変換する場合に指定する

変換される記号

変換前	変換後	画面表示
<	&lt;	<
>	&gt;	>
"	&quot;	"
'	&apos;	'
&	&amp;	&

変換前: `<p style="font-size:100pt">ふざけないでほしい</p>`

変換後: `&lt;p style=&quot;font-size:100pt&quot;&gt;ふざけないでほしい&lt;/p&gt;`

画面表示: `<p style="font-size:100pt">ふざけないでほしい</p>`

> htmlspecialcharsは怖いタグを無効にする

htmlspecialchars は、タグなどの危険な文字を無害にする関数です。先ほどの体験でわかったように htmlspecialchars がないと、「<」「>」を使ってタグを送られてしまう危険があります。また「"」や「'」を使って属性値などいろいろな値を送られる、そして「&」を使うと「ついでにこの値も送ってやれ」みたいな処理をされてしまうなど危険がいっぱいなのです。なので、htmlspecialchars を使って送られてきた $_GET["a"] を無効化してから変数 $mozi に代入しているのです。

知識 34 無効化してから変数 $mozi に代入

```
                    ┌─ 送信文字列内のタグ関連文
                    │  字を無効化して変数に代入
                    ↓
$mozi = htmlspecialchars($_GET['a'], ENT_QUOTES);
                             │
                             ↓
print isset($_GET["a"])?$mozi." でござる ":" 何かしゃべって！";
```

> **コラム**　何も入力しないで送信ボタンを押した場合
>
> 　現在の ninja.php にはまだバグがあることにお気づきでしょうか？　テキストボックスに何も入力しないで送信ボタンを押してみてください。すると「でござる」だけが表示されるはずです。これはプログラムの動作としては正しいですが、アプリとしてはあまりよろしくありません。何も入力しないで送信ボタンが押された場合も「何かしゃべって！」と表示されるべきですよね。
>
> 　上記のようなことが起こるのは、空のテキストボックスで送信すると空の $_GET["a"] が作成されるので、isset 関数で $_GET["a"] が存在するかどうかだけをチェックしても True が返されてしまうためです。$_GET["a"] が空の場合は False に返すためには、現状の「$_GET["a"] が存在するか？」という条件に、「$_GET["a"] が空ではない？」という条件を加える必要があります。
>
> 　実はこれは割と簡単に実現できます。ninja.php の三項演算子の部分に、次の赤字の部分を追加するだけです。
>
> ```
> print isset($_GET["a"]) && $_GET["a"]!=""?$mozi." でござる ":" 何かしゃべって！";
> ```
>
> 　&& は条件を追加するための演算子で、左右に記述された条件がどちらも True になる場合に True を返します。日本語だと「A && B」は「A かつ B」という意味になります。
> 　次に「$_GET["a"] が空ではない？」という条件ですが、これは否定の比較演算子 !=（→ P.50）を使って「$_GET["a"]!=""」と書きます。"（ダブルクォーテーション）を 2 つ並べる「""」は空文字といい、なにもないことを表します。本書ではあまり使用していませんが、PHP のプログラミングではよく登場しますので、おぼえておくと良いでしょう。

第04章

つぶやきはファイルに生き続け（ファイル編）

PHPによるファイル操作を体験してみましょう。第03章で体験したメッセージの送受信。今度は、そのメッセージをファイルに保存します。そして保存してあるメッセージをすべて読み込み、ブラウザに表示します。ファイルとして保存するメッセージは、ただのテキストです。もちろん、Wordやテキストエディタでも利用できます。

04-01 消えてしまうメッセージを記録

メッセージを書き込むプログラム

第03章では、どんどんメッセージを入力していただきました。ニンジャ言葉に変換？　するのはどうでもよいのですが、メッセージがその場で消えてしまうのはなんとも悲しいものです。ファイルに保存できるようにしましょう。「つぶやき」を記録してそれを書き出すだけでも、ちょっと「チャット風」になります。

まずはメッセージをテキストファイルに保存する仕組みを作っていきましょう。第03章ではninja.phpのいろいろなバージョンを作りました。話をわかりやすくするために、ここではninja.phpの最初のバージョン（→P.62）を改良していくことにします。

Atomのツリービューからchat.phpを開いてください。このファイルの内容はninja.phpの最初のバージョンと同じです。以下の部分を修正します。

体験37　ファイルに保存するプログラムを書こう

【ファイル名】chat.php（ HELP ⇒ chat_01.php）

```
...

<body>
<p>何かしゃべって！</p>
<form>
<input type="text" name="a">
<input type="submit" value="送信するよ！">
</form>

<?php
$f=fopen("chat.txt","at");
fwrite($f,$_GET["a"]);
fclose($f);
?>

</body>
</html>
```

このように修正する

❶修正が終了したら、【ファイル】→【保存】で上書き保存する

fopen とか fwrite とか、わけのわからないものが登場しましたね。テキストファイルへの書き込み処理の詳細は後で説明します。まずは本当にファイルに書き込めるのか。体験してみることにしましょう。

体験38　chat.php でメッセージを送信してみよう

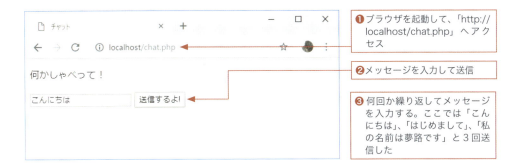

❶ブラウザを起動して、「http://localhost/chat.php」へアクセス

❷メッセージを入力して送信

❸何回か繰り返してメッセージを入力する。ここでは「こんにちは」、「はじめまして」、「私の名前は夢路です」と3回送信した

送信ボタンをクリックしても、画面は初めの状態に戻るだけです。ただプログラムが正しく動作すれば、htdocs フォルダには chat.txt が作られ、あなたが入力したメッセージが保存されているはずです。確認してみましょう。Atom のツリービューから「chat.txt」を開きます。もし、chat.txt が見つからない場合は、プログラムの入力ミスが考えられますので、chat_01.php を開いてどこが間違っているか確認して、修正しましょう。

体験39　chat.txt の内容を確認してみよう

❶chat.txt を開く

❷入力したメッセージが表示されている

書き込めてはいるが･･･全部が繋がってしまった。改行してほしい！

メッセージはいちいち改行してほしい

chat.php を実行してメッセージを書き込んでいくと、すべて chat.txt というファイルに保存されることがわかりました。でも…毎回入力した文章が、すべて繋がって 1 行になってますよね。見づらいですね。

　1 回のメッセージごとに改行させましょう。方法は簡単で、入力したメッセージの最後に**改行コード**と呼ばれる「¥n」をつけるだけです。文字列を結合するときは「.」で繋ぐ（→ P.67）のでしたね。なお「¥n」は、フォントの種類によっては「"\n"」と表示されますが、問題ありませんので安心してください。
　chat.php を以下のように変更します。

体験 40　改行コードを追加しよう

【ファイル名】chat.php （ HELP ⇒ chat_02.php）

```
<!DOCTYPE html>
<html>
<head>
<meta charset="utf-8">
<title> チャット </title>
</head>
<body>
<p> 何かしゃべって！ </p>
<form>
<input type="text" name="a">
<input type="submit" value=" 送信するよ！">
</form>

<?php
$f=fopen("chat.txt","at");
fwrite($f,$_GET["a"]."¥n");
fclose($f);
?>
</body>
</html>
```

❶修正が終了したら、【ファイル】→【保存】で上書き保存する

　これでメッセージには改行コード「¥n」がつき、改行して表示されるはずです。本当でしょうか。確認してみることにしましょう。すでにブラウザには chat.php が表示されていると思いますが、ここで再度「http://localhost/chat.php」へアクセスしてください。そうす

ることでプログラム変更の前と後に改行が1つ入りますので、変化がわかりやすくなります。

そして、何度かメッセージを送信して、chat.txt を確認してください。Atom の場合、ファイルの変更は即座に画面に反映されます。

体験41 再度 chat.txt の内容を確認してみよう

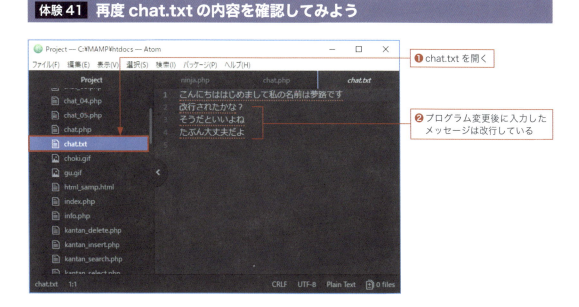

❶ chat.txt を開く
❷ プログラム変更後に入力したメッセージは改行している

テキストファイルに書き込む仕組み

さて、テキストファイルへの書き込みの仕組みを少々勉強しておきましょう。テキストファイルに書き込むときは、まずファイルを「オープン」し「書き込み」、そしてファイルを「クローズ」します。実はプログラムの世界では、ファイルを扱う場合、「オープン」→「処理」→「クローズ」という流れは基本となっています。

　fopen はファイルをオープンする関数です。第1引数にはオープンするファイルを指定しますので、「fopen("chat.txt", ～)」を実行すると、chat.txt というテキストファイルをオープンして処理できる状態にします。はじめて fopen を実行したときには、まだ chat.txt というファイルは存在していませんよね。存在しないときは、chat.txt を新規に作ってくれます。

　また第2引数はファイルを開く場合の設定を指定しますが、「at」とするとファイルの末尾に追記するモードでテキストファイルを開きます。開こうとするファイルが存在しない場合は、新規に作成されます。このほか、読み込み専用のモードや、上書き保存するモードなどがありますが、本書では紹介しません。

知識 35　fopen 関数の使い方

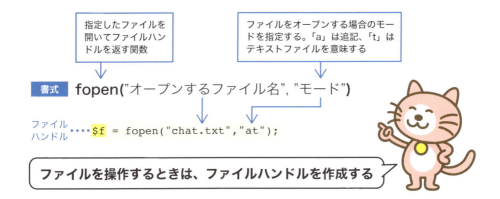

オープンすると fopen は**ファイルハンドル**と呼ばれるものを返します。ファイルハンドルをひとことで解説するのは難しいのですが、とりあえずファイルを操作するための概念的なものだと思ってください。プログラム上は、ファイルハンドルをファイルそのもののように扱うことができます。今回はこれを変数 $f に代入しています。

メッセージの書き込みは、ファイルハンドル $f を第 1 引数に、メッセージそのものを第 2 引数にして **fwrite** 関数を実行します。前述のとおり、今回は末尾に追記するモードでファイルを開いているので、メッセージが最後に追加されることになります。

知識 36　fwrite 関数の使い方

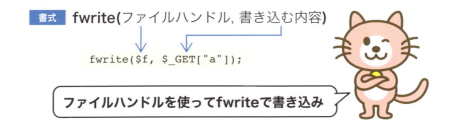

作業が終わったら、ファイルハンドルを引数として **fclose** 関数でファイルをクローズします。

04-02 ストックされたつぶやきをWebページに表示する

テキストファイルを読み込むには

せっかくテキストファイルに保存するプログラムを作ったのですから、次はファイルからデータを読み込んで表示したいですよね。ここではテキストファイルを読み込む仕組みを紹介します。

　本来ファイルを読み込む場合も、「ファイルのオープン」→「ファイルの読み込み」→「ファイルのクローズ」という手順を踏む必要がありますが、ファイルの中身を表示するだけならば readfile 関数を使って簡単に行うことができます。
　例によって、処理の仕組みについては後で説明します。とりあえず体験してみましょう。chat.php に以下の 1 行を追加してください。

体験42 ファイルの内容を表示するプログラムを書こう

【ファイル名】chat.php（ HELP ⇒ chat_03.php）

```
...
<body>
<p>何かしゃべって！</p>
<form>
<input type="text" name="a">
<input type="submit" value="送信するよ！">
</form>

<?php
$f=fopen("chat.txt","at");
fwrite($f,$_GET["a"]."\n");
fclose($f);

readfile("chat.txt");    ← この1行を追加する
?>
</body>
</html>
```

❶ 修正が終了したら、【ファイル】→【保存】で上書き保存する

　はたして「readfile("chat.txt")」の 1 行をつけただけで、本当にテキストファイルの内

容が表示されるのでしょうか。確認してみましょう。

体験 43　ファイルの内容が表示されるか試してみよう

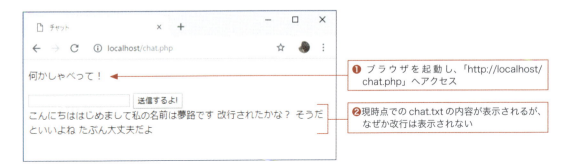

改行されてませんけど、とりあえずはテキストファイルの内容を表示することができました。改行されない原因は、HTMLでは改行コードが無視されてしまうからですが、これについては次節で対応を考えます。

　readfile は、「ファイルの全内容を**標準出力**に出力する関数」です。標準出力ってピンときませんが、コンピュータによる処理のデフォルトの出力先のことです。何も設定しなければ、標準出力はディスプレイ、標準入力はキーボードを意味します。つまり readfile("chat.txt") という命令は「chat.txt の内容をディスプレイに表示しろよ！」という意味なのです。

知識 37　readfile って何？

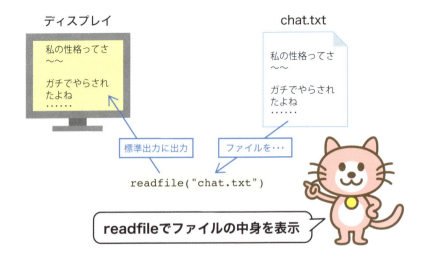

改行して表示するには

みなさんのメッセージが保存してあるテキストファイル chat.txt には、メッセージごとに改行コード「¥n」を入れました。でも readfile 関数で Web ページに表示すると、改行されていませんよね。これをなんとかしましょう。

　前述のとおり、HTML では改行コードや、" で囲まない半角のスペースは無視されてしまいます。HTML で改行する場合は **
** タグを使用しますが、すでに存在するファイルに書き込まれた文字列の 1 行 1 行に
 タグを追加するのは、なかなか面倒な作業です。そういう場合は、readfile 関数の出力全体を <pre> タグで囲むという手法が便利です。
　<pre> は文字列内の改行コードや半角のスペースを、そのまま表示するタグです。ただし、<pre> 〜 </pre> の中であっても < や > などはタグとして認識されてしまいますので、その点は注意してください。

体験 44　改行が表示されるようにしよう

【ファイル名】chat.php（ HELP ⇒ chat_04.php）

```
...
<body>

<p>何かしゃべって！<p>
<form>
<input type="text" name="a">
<input type="submit" value="これを click!">
</form>
<?php
$f=fopen("chat.txt","at");
fwrite($f,$_GET["a"]."¥n");
fclose($f);

print "<pre>";
readfile("chat.txt");
print "</pre>";
?>
...
```

❶修正が終了したら、【ファイル】→【保存】で上書き保存する

readfile 関数で表示するテキストを <pre> 〜 </pre> のタグで囲いました。これでちゃんと改行して見えるはずです。確認してみましょう。

体験 45　改行されるかどうか試してみよう

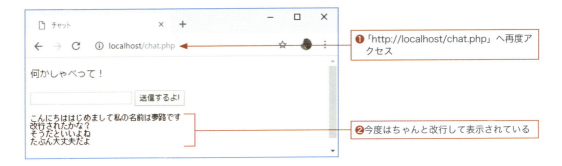

❶「http://localhost/chat.php」へ再度アクセス

❷今度はちゃんと改行して表示されている

　何度かメッセージを送信してみてください。追加されたメッセージも改行されることが確認できます。

まだ問題が残っています

　やっと、保存したメッセージがそのまま表示されるようになりました。ところで、このプログラム、まだ2つほど問題が残っています。1つは第03章で解説した、タグを送信されるとそのまま処理されてしまうことで、もう1つはちょっと気づきにくいところです。

　先ほどのchat.phpでは、フォームから送られた文字列をテキストファイルにいったん書き込み、それをそのまま読み出してWebページとして書き出しています。P.69と同様に「<body bgcolor=black>」のメッセージを送信すれば、画面は真っ黒になってしまいます。対策は？　これはhtmlspecialchars関数を使えばよかったのですよね。

　もう1つはchat.phpを何度か使っていると気がつくのですが、余計な改行が保存されてしまうことがあるということです。chat.phpでは、フォームに入力された文字列を以下のコードでファイルに書き込みます。

```
fwrite($f,$_GET["a"]."\n");
```

　このコードは、$_GET内のaに保存された文字列に改行コードを付け足しているのは以前の解説のとおりです。しかし上記のコードは$_GETが空の場合も実行されてしまうため、最初にchat.phpを開いたときは改行コードだけがファイルに保存されてしまいます。試しに「http://localhost/chat.php」へ何度かアクセスしてみてください。そのたびに改行が保存されるはずです。

知識 38 不要な改行が保存される

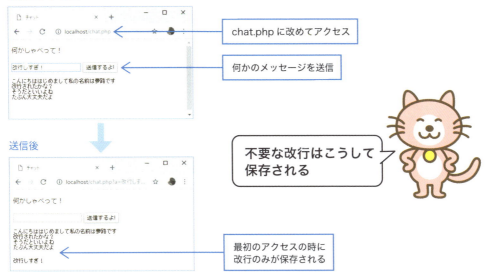

これを解決するには、chat.php へのアクセスが、最初のアクセスなのか、フォームからメッセージを送信した後のアクセスなのかを調べて、メッセージ送信後の場合だけ、ファイルへの書き込みを行えば大丈夫です。そのためには、P.67 で解説したように $_GET["a"] に文字列がセットされているかを isset 関数で調べます。

ではこの 2 件の対策を追加するため、chat.php の PHP プログラムを以下のように修正してみましょう。

体験 46 プログラムの最終修正

【ファイル名】chat.php（ HELP ⇒ chat_05.php）

```
...
<?php
if(isset($_GET["a"])){
    $f = fopen("chat.txt","at");
    $mozi = htmlspecialchars($_GET["a"],ENT_QUOTES);
    fwrite($f,$mozi."\n");
    fclose($f);
}

print("<pre>");
readfile("chat.txt");
```

```
print("</pre>");
?>
...
```

❶ 修正が終了したら、【ファイル】
→【保存】で上書き保存する

　今回は if 文を使って、「$_GET の中に a が存在したらファイルへの書き込みを行い、存在しなければ何もしない」という処理を記述しています。まず if 文の条件に指定してある「isset($_GET["a"])」については P.67 で解説しました。前回は三項演算子の条件として使用しましたが、このように if 文の条件としてもそのまま使用できます。

　また、P.68 で解説したとおり、if では分岐する数により elseif や else を省略することができます。この例では $_GET["a"] が存在しない場合は何もしないので、else もありません。

　そして htmlspecialchars 関数で < や > を無効化する処理は P.71 と同じですが、今回は fwrite 関数でファイルに書き込む前に実行しています。

　では修正した PHP プログラムを実行して試してみてください。最初のアクセスでも改行は保存されないはずです。

第 05 章

データベース体験
（phpMyAdmin による MySQL 編）

超難解キーワード MySQL。いよいよデータベース MySQL の登場です。これを普通に解説すると「基礎からの MySQL（SB クリエイティブ刊）」のような、500 ページを超える本になってしまいます。今回はこれを思いっきり圧縮。おいしいところだけ、体験してみることにしましょう。使うのは、初心者にもやさしい phpMyAdmin というツールです。

05-01 マイエスキューエル

データベースはお友達（データベースとは）

さあ、ここからはデータベースを使った操作の体験です。MySQL（マイエスキューエル）というデータベースを使います。最終的には SNS 風 Web アプリケーションを作りますが、ここではデータベースの簡単な説明と MySQL の動作確認を行います。

　データベースとは、管理・活用できるように集めた大量のデータ、あるいはそれを処理するソフトウェアのことをいいます。第 04 章でテキストファイルにデータを保存する方法を紹介しましたが、PHP だけで巨大なデータを処理するのは大変です。でもデータベースの力を借りれば、効率よく確実に処理できます。データベースにはいろいろな種類のものがありますが、ここではオープンソースのデータベースとして世界 No.1 のシェアを持つ MySQL を使います。MAMP がインストールしてあれば、MySQL もすぐに使えるようになっています。

知識 39 データベースってこんなやつ

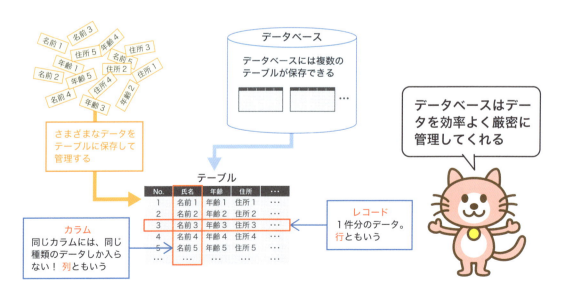

「住所」「名前」などのように、同じ種類のデータが入る項目を「**カラム**」。そして 1 件分のデータを「**レコード**」と呼ぶことを覚えておいてください。最初に MySQL を動かす方法、

そして停止する方法を覚えましょう。そして今後「プログラムが動かない！」というときは、まずMySQLの動作をチェックしてください。MAMPの初期画面で、次のように確認します。

体験47　MySQLの起動確認

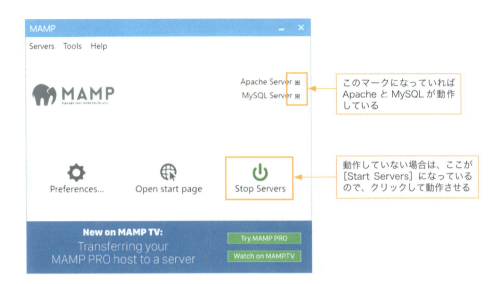

MySQLを勉強する準備 － Windowsのみ －

早くMySQLを体験したいところですが、Windowsではその前に、MySQLで使う文字エンコーディングの設定が必要です。この手のソフトウェアでの設定変更は、設定ファイルに書かれた文字列を修正します。間違えると動作しなくなることもあるので注意してください。これも貴重な体験です。

ここで変更する設定は、MySQLサーバー内部で使用する文字エンコーディングです。前述のとおり、本書ではWeb標準の**UTF-8**で統一しますが、Windows版のMySQLはデフォルト値が異なりますので、変更する必要があります。Mac版はデフォルトがUTF-8なので、以下の設定は不要です

設定は**my.ini**というテキストファイルの記述を書き換えることで行います。my.iniは「C:￥MAMP￥conf￥mysql」フォルダにあります。では文字エンコーディングを設定しましょう。本書ではUTF-8を設定します。

体験 48　my.ini を修正しよう

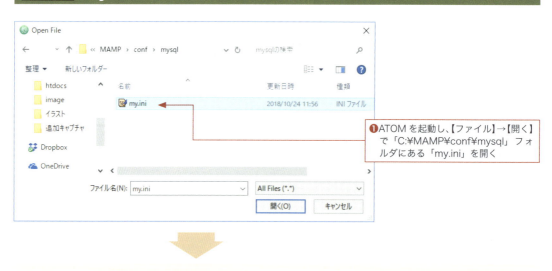

❶ATOMを起動し、【ファイル】→【開く】で「C:¥MAMP¥conf¥mysql」フォルダにある「my.ini」を開く

```
...
[mysqld]
...
read_rnd_buffer_size = 512K
myisam_sort_buffer_size = 8M
basedir = C:/MAMP/bin/mysql/
datadir = C:/MAMP/db/mysql/
character-set-server=utf8
# Don't listen on a TCP/IP port at all. This can be a security enhancement,
# if all processes that need to connect to mysqld run on the same host.
...
```

❷[mysqld]のブロックの一番下、40行目付近に左の1行を追加

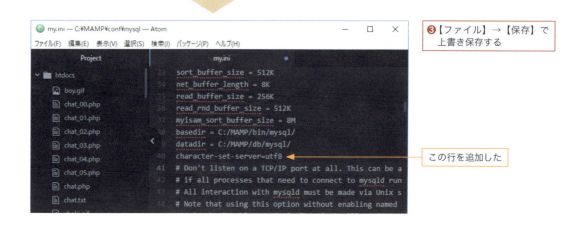

❸【ファイル】→【保存】で上書き保存する

この行を追加した

修正が完了したら MySQL を再起動しましょう。「MAMP」ウィンドウで［Stop Servers］をクリックしてストップさせ、さらに［Start Servers］をクリックして再スタートします。

もう1つ、Windows 版の MAMP4.0.1 では、後に紹介する phpMyAdmin でテーブル一覧を表示したときにワーニングの赤い画面が表示されてしまう場合があります。これは動作そのものには支障がなく、また将来的に解消されると思われますが、学習の途中でびっくりしてしまわないように以下の設定を行っておきましょう。具体的には使用する PHP のバージョンを 7.1 に変更します。

体験 49　使用する PHP のバージョンを設定する

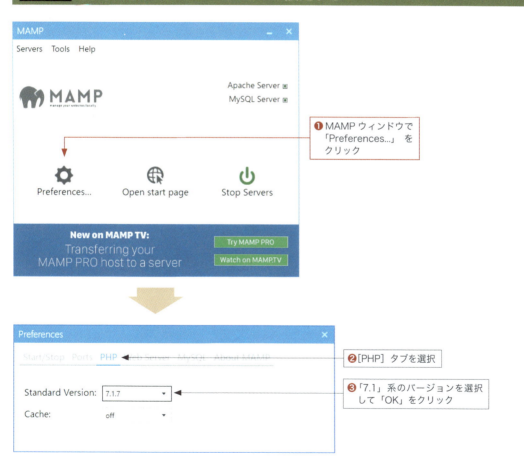

サーバーの再起動は自動的に行われますので、しばらくお待ちください。これで準備は完了です。

第05章 データベース体験（phpMyAdminによるMySQL編）

05-02 データベースとテーブルを作ろう

データベースを作る

それではデータベースを作成して使ってみましょう。データベースの操作にはいろいろな方法がありますが、ここではWebページからGUIで操作できるphpMyAdminというツールを使ってみます。このツールはMAMPとともにインストール済みなので、すぐに使い始めることができます。

　phpMyAdminはMySQLをブラウザで管理するためのツールで、phpMyAdmin自体がPHPで作られています。ちなみにみなさんがレンタルサーバーを借りると、MySQLは多くの場合phpMyAdminで管理することになります。慣れておくと、あとあと便利です。
　ではphpMyAdminを起動してみることにしましょう。MAMPウィンドウであらかじめApacheとMySQLが動作しているのを確認しておいてください。

体験50　phpMyAdminを起動しよう

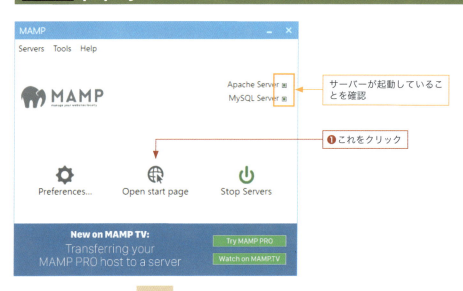

第 05 章　データベース体験（phpMyAdmin による MySQL 編）

❷ MAMP のスタートページが表示される

❸【Tools】→【phpMyAdmin】を選択

Mac の場合はページのデザインが異なるが、画面上部のドロップダウンメニューを使うのは同じ

これが現在存在するデータベース

❹ phpMyAdmin が表示される

❺「Language（言語）」で「日本語 -Japanese」を選択

　表示言語を日本語にする設定は、phpMyAdmin を起動するたびに行う必要があります。これは設定ファイルを書き換えることではじめから日本語の表示にすることも可能ですが、本書では解説しません。

　最初に phpMyAdmin を使ってデータベースを作成します。今回作るのは次のようなデータベースです。

第 05 章　データベース体験（phpMyAdmin による MySQL 編）

知識 40　今回作成するデータベースの情報

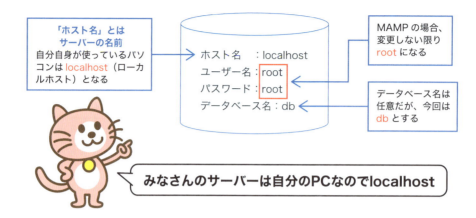

今回は「db」という名前のデータベースを作ります。途中でデータベースの文字エンコーディングを指定する操作もありますが、本書では UTF-8 で統一しています。では次のように操作してください。

体験 51　データベースを作ってみよう

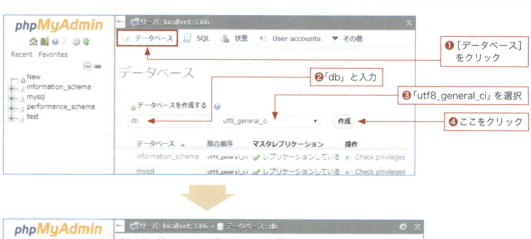

テーブルを作る

さてデータベース「db」ができました。でもデータベースだけ作っても、データの置き場所であるテーブルがありません。そうです。次にテーブルを作らなければ、データの保存はできないのです。

本書では「ban」「nam」「mes」「dat」という4つのカラム（→P.88）を持つ、「tb」という名前のテーブルを作ることにします。

「ban」という名前のカラムには番号を保存しますが、ここには**連続番号機能**を設定します。これで、レコードを挿入すれば自動的に1、2、3…の連番が入力されるようになります。私たちがカラム「ban」に、わざわざ数字を入れる必要はありません。便利ですよね。

知識41 今回作成するテーブル

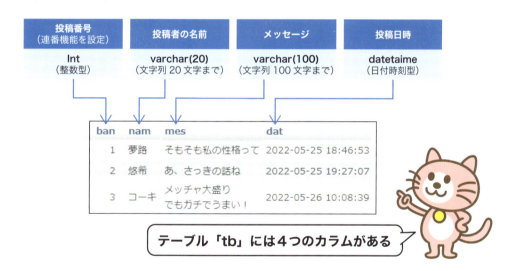

テーブル「tb」には4つのカラムがある

データベースでは、同じカラムには同じ種類のデータしか入れられません。データの種類を**データ型**といいます。整数型は「int」、文字列型は「varchar」、日付時刻型は「datetime」を指定しますが、まあ、phpMyAdminはクリックだけで済むので、難しいことを覚える必要はありません。では、上の設定のテーブル「tb」を作ってみることにしましょう。

第 05 章　データベース体験（phpMyAdmin による MySQL 編）

体験52　テーブルを作ろう

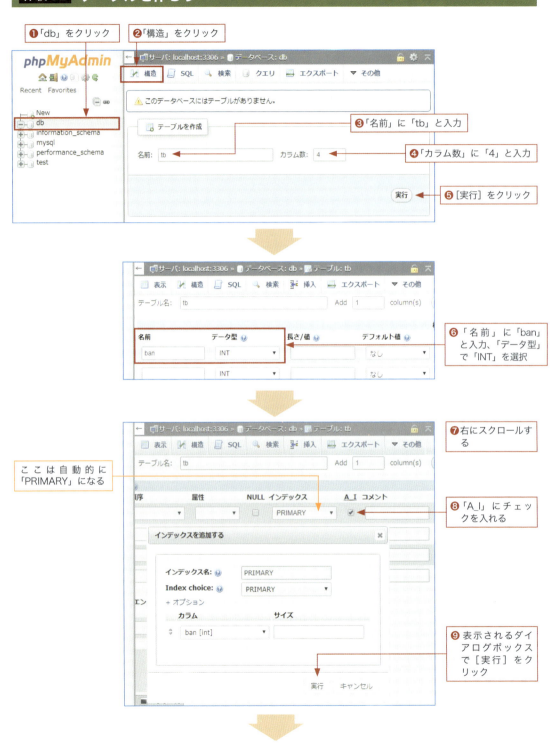

02　データベースとテーブルを作ろう

第 05 章　データベース体験（phpMyAdmin による MySQL 編）

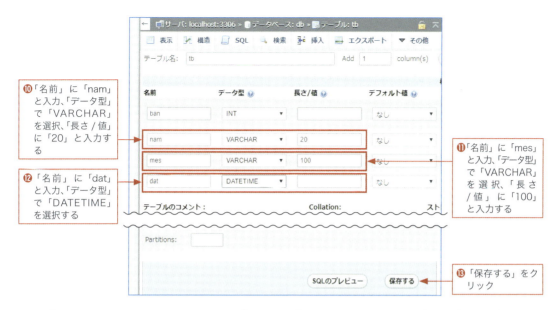

「nam」カラムでチェックしている「A_I」は「Auto Increment」の略で、前述の「連続番号機能」のことです。MySQL では「連続番号機能」を設定したカラムはプライマリキーである必要があるため、「インデックス」で「PRIMARY」を選択しました。プライマリキーとは、レコードを一意で特定するために使用されるカラムのことですが、本書では詳しく解説しません。

少々面倒な操作でしたが、間違えずにできたでしょうか。では、正しくテーブル「tb」が作れたか確認してみます。

体験 53　テーブルの構造を確認しよう

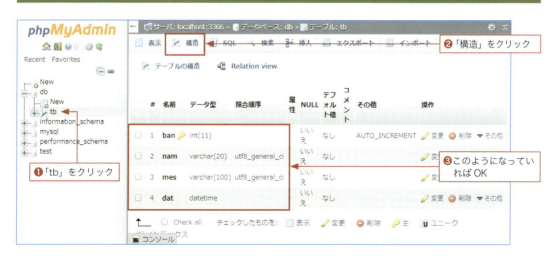

もしカラムの設定を間違ってテーブルを作成した場合は、以下の手順で修正することができます。

体験 54 修正する場合は？

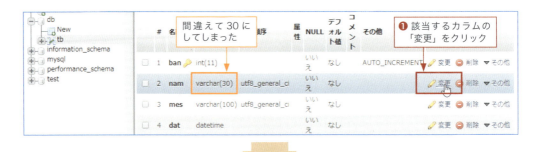

05-03 phpMyAdminでSQLを実行してみる

phpMyAdminでレコードを挿入

やっとデータベースとテーブルができました。すぐにでもSNS風アプリを作ってみたいですよね。でも、データ入力のPHPプログラムは難解です。そこで最初はプログラムではなく、phpMyAdminを使ってその命令を調べてみることにします。phpMyAdminならクリックだけでデータベースの操作ができます。

テーブル「tb」にデータを入力しますが、ちゃんと入力するのはカラム「nam」の「名前」と「mes」の「メッセージ」だけです。カラム「ban」には何も入力しなくても勝手に連番がつきます。そしてカラム「dat」には「NOW」という、現在の日時を返す関数を選択するだけです。日時を手入力する必要はありません。実行後に表示されるSQLという命令に注目してください。意味は後で説明します。

体験55　レコードを挿入してみよう

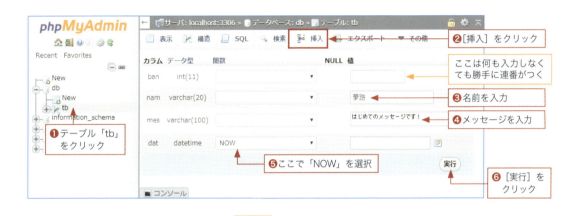

SQLって何？

phpMyAdminを使ってレコードを挿入しました。そのとき、SQLという、何か命令っぽいのが表示されましたよね。ここでは、このSQLの正体に迫ってみることにしましょう。

さて、SQLとはいったい何者なのでしょうか？　データベースを操作するとき、私たちは「〜をして！」とデータベースに「命令」を伝えなくてはいけないわけですが、PHPにはデータベースに直接命令を出す機能がありません。そこで登場するのが**SQL**（Structured Query Language）というデータベース操作用の汎用言語です。汎用なのでMySQLだけ

でなく、OracleやPostgreSQLなどの他のデータベースでも使用することができます。そしてPHPでは、SQLで書かれた命令をデータベースシステムへ送ることによって、データベースを操作します。ただしPHPのような複雑な言語ではなく、本書に登場するSQLはほぼ1行だけの簡単な命令です。

レコードを挿入したとき、次のような「INSERT INTO tb ～」という命令のようなものが表示されたのを覚えていますか。これがSQLです。まず、その意味を調べてみることにしましょう。SQLはいくつかの命令（文）で構成されており、レコードの挿入にはINSERT文を使用します。INSERTの構文は以下のとおりです。

知識42 レコードを挿入するINSERT文

構文 INSERT INTO テーブル名 (カラム名…) VALUES (入れるデータ…)

カラム「ban」には何も入れなくてよいので「空のデータ」の意味の **NULL** を、また「dat」には MySQL 関数の **NOW** を入れることで現在の日時を挿入します。

「ban」のように自動連番が設定されているカラムには、NULLを入力することで連番に変換されます。

「dat」で入力しているMySQL関数とはMySQLでのみ利用可能な関数で、NOWは現在日時を「年-月-日 時:分:秒」のフォーマットで返します。このようにデータ型「datetime」が設定されているカラム「dat」には、このフォーマットの文字列を入力します。ここではNOW関数を使用していますが、たとえば「2019-04-15 13:26:30」のように指定することも可能です。

なお「INSERT INTO ～」などのSQLは、大文字でも小文字でもかまいいませんが、本書では統一して大文字にしています。

挿入したレコードの内容を SQL で表示

さて、テーブル tb には先ほど 1 行だけレコードを挿入したはずですよね。では、それを SQL を使って確認してみることにしましょう。今回は「レコードを表示しろよ」という SQL を直接、phpMyAdmin で入力し実行してみます。

ここでは SQL の入力練習を兼ねて、直接「テーブル内の全レコードを表示する」SQL を実行してみることにしましょう。使う SQL は、かの有名な「SELECT * FROM テーブル名」です。例によって SELECT の詳細については後述します。

体験 56 テーブルの内容を表示する SQL

ここで実行している「SELECT * FROM テーブル名」は、SQL の超基本です。その筋の方ならみんな知っているというやつですね。後で PHP プログラムの中でも使用しますので、構文をぜひ覚えておきましょう。

知識 43　表の内容を表示する SELECT 文

構文　SELECT カラム名… FROM テーブル名

表示したいカラムを , (カンマ) で区切って並べる。下記のようにすべてのカラムを対象とする場合は * (アスタリスク) で代用できる

実行結果の並び順を変えたり (→.123)、カラムの内容で検索をしたい場合 (→.127) は、この後にさらに SQL をつなげる

```
SELECT ban, nam, mes, dat FROM tb
```

SELECT * FROM 〜はSQLの鉄板

　この［SQL］タブからはすべての SQL 命令を実行することができます。レコード挿入時に使用した INSERT も同様で、たとえば次のような SQL でレコードを追加することができます。余裕があったら試してみてください。

```
INSERT INTO tb (ban,nam,mes,dat) VALUES (NULL,'夢路','2番目のメッセージ', NOW())
```

　上記実行後に無事「1 行挿入しました」と表示されたら、再度［SQL］タブから「SELECT * FROM tb」を実行してレコードが追加されていることを確認してください。

第06章

なんちゃってSNS（MySQLでSNS編）

さあ、本書のまとめ。SNSを作ってみましょう。と、いっても、本書のレベルで一般公開してしまうのは危険です。目標は「SNS」ではなく、あくまで「なんちゃってSNS」です。でも、ご家庭内のネットワークでしたら、これでも十分にコミュニケーションツールとして使えるはずです。喜びを、悲しみを、どうぞご家族で共有してみてください。

06-01 データベースにメッセージを書き込むまで

これから作るWebアプリケーションの概要

phpMyAdminでデータベースとテーブルを作成し、そしてテーブルにデータも入力しました。データベースを操作するときは、どうやらSQLを使うらしいということ。そしてSQLの意味もなんとなく理解できたはずです。お待たせしました。いよいよMySQLとPHPを使った、SNS風Webアプリケーションの作成です。

　今回作る「なんちゃってSNS」は次のような構成です。sns1.phpのフォームで名前とメッセージを入力し、sns2.phpに送信します。sns2.phpは受け取ったデータをテーブル「tb」に書き込みます。あわせてsns1.phpはテーブル「tb」のすべてのレコードを表示します。

知識44 今回作成するSNS風Webアプリケーション

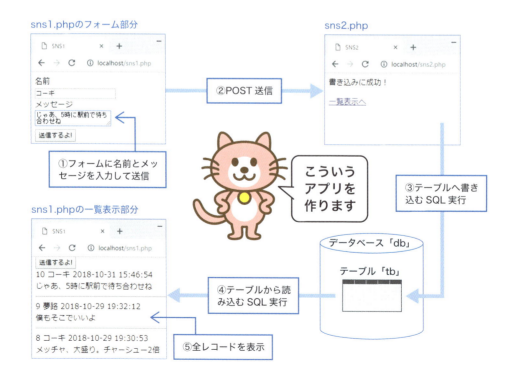

データを送る側のプログラムを作りましょう

初めに、送信フォームを作ります、名前とメッセージを入力して送信ボタンをクリックするやつです。これまでに作成したフォームと基本的に同じものですが、使用するタグが多少異なるのと、今回は POST 送信（→ P.60）を使用します。

　これまでは解説がわかりやすくなるように GET 送信を利用してきましたが、通常の Web アプリケーションでは、URL にデータが表示されてしまう GET 送信はほとんど使用されません。このため以降のサンプルでは POST 送信を使っていきます。

　またフォーム内のテキストボックスの作成に、これまでは <input type="text"> を使用してきましたが、ここでは <textarea> タグを使用します。<textarea> タグは複数行のテキストボックスを表示します。

　では「公開されるフォルダ」から sns1.php を開いてください。例によってスケルトンになっていますので、<body> ～ </body> の間に次のプログラムを入力します。

体験 57　フォームを作ろう

【ファイル名】sns1.php（フォーム部分のみ）（HELP ⇒ sns1_01.php）

```
...
<body>
<form action="sns2.php" method="post">     ← 送信先は sns2.php。POST 送信
名前
<div><input type="text" name="n"></div>    ← テキストボックス
メッセージ
<div><textarea name="m"></textarea></div>  ← 複数行のテキストボックス
<input type="submit" value="送信するよ！">
</form>
</body>
</html>
```

❶ 修正が終了したら、【ファイル】→【保存】で上書き保存する

　この時点ではまだ HTML のコードしかありませんが、拡張子は「php」にしてあります。これはのちのち PHP のプログラムを書き足していく予定だからです。

　<form> タグで送信先に指定している sns2.php は後で作成します。また前述のとおり今回は POST 送信を行いますので、method 属性には「post」を指定します。

　メッセージ本体の入力には **<textarea>** タグを使っています。これは、2 行以上入力できるテキストボックスを設定します。このタグには name 属性で「m」という名前をつけていますので、このテキストボックスに入力されたメッセージは、$_POST["m"] で取得でき

るようになります。また今回「<textarea name="m"></textarea>」のように開始タグと閉じタグを続けて記述しています。もし間に何か文字列を記述して「<textarea name="m">メッセージを入力してください</textarea>」などとすると、このテキストボックスに初めから「メッセージを入力してください」が入力された状態で表示されます。

他には **<div>** というタグが登場しています。<div> と <p> は同じような働きをします（→ P.42）が、「<div> は前後の空きを作らない」という点が異なります。

これらのタグがどう表示されるか確かめてみましょう。

体験 58　フォームを使ってみよう

❶ ブラウザを起動し、「http://localhost/sns1.php」へアクセス

入力された文字列は「n」の名前で送信される

<textarea> タグの表示。入力された文字列は「m」の名前で送信される

　本書では解説をわかりやすくするために最低限の HTML コードしか書いていません。また、本来 HTML の表示に関する設定は CSS（カスケーティング・スタイルシート）という技術を使って指定しますが、本書では CSS も使用していません。このため <input> タグや <textarea> タグがブラウザ上でどう表示されるかは、ブラウザのデフォルト値によって決まります。

知識 45　ブラウザによる表示の違い

たとえば <textarea> タグの場合、何も設定しないと 20 文字分の横幅×2 行で表示するということは HTML の規格で決められています。しかし、どのフォントを使って何ポイントで表示するかとか、行間をどのくらいの幅にするかなどは、ブラウザのデフォルト値が適用されるというわけです。

どのブラウザでも同じ表示をさせたい場合は、やはり CSS を使う必要があります。前述のとおり、本書では CSS の解説はしませんが、興味のある方は CSS 関連の専門書を読んでみるとよいでしょう。

メッセージを受け取る側のプログラム

次に「sns1.php」からのデータを受け取って処理する「sns2.php」を作ります。これは 7 行しかありませんが、1 行がそこそこ長いので慎重に入力してください。例によって最初に動作確認をしてから、後で内容を解説します。

Atom のツリービューから sns2.php を開いて、<body>～</body> の間に以下のプログラムを入力してください。4、5 行目は長くなるので、SQL の途中で改行し、2 行に分けて入力します。5 行目は見やすいようにインデント（字下げ）を入れていますが、インデントには全角のスペースを入れないように注意してください。また「"」と「'」を区別して、間違えないように入力してください。

体験 59 送信されたデータをデータベースに書き込むプログラム

【ファイル名】sns2.php（ HELP ⇒ sns2_01.php）

```
...
<body>
<?php
$my_nam = htmlspecialchars($_POST["n"],ENT_QUOTES);
$my_mes = htmlspecialchars($_POST["m"],ENT_QUOTES);
$db = new PDO("mysql:host=localhost;dbname=db","root","root");
$db->query("INSERT INTO tb (ban,nam,mes,dat)
            VALUES (NULL,'$my_nam','$my_mes',NOW())");
print " 書き込みに成功！";
print "<p><a href='sns1.php'> 一覧表示へ </a></p>";
?>
</body>
</html>
```

❶ 修正が終了したら、【ファイル】→【保存】で上書き保存する

実際にデータベースに送信してみましょう

データ送信のフォーム（sns1.php）とデータ受信・処理のプログラム（sns2.php）が入力できたら、さっそく試してみましょう。はたして、名前やメッセージがテーブル「tb」に書き込めるでしょうか。まだ、送信内容を表示する仕組みは作っていませんが、とりあえず動作を確認してみます。

動作確認する前に MAMP のサーバーが動作していることを確認してください。

体験60　フォームを表示してみよう

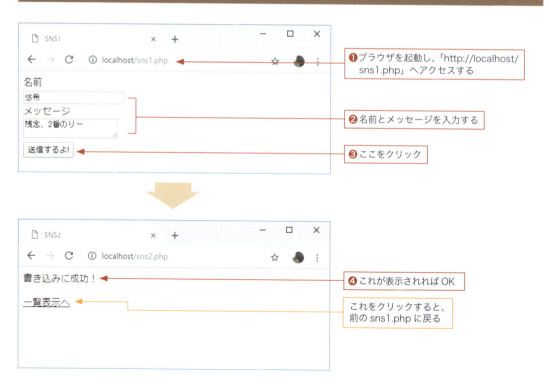

❶ブラウザを起動し、「http://localhost/sns1.php」へアクセスする
❷名前とメッセージを入力する
❸ここをクリック
❹これが表示されればOK
これをクリックすると、前の sns1.php に戻る

もしここで「HTTP 500」や「インターナル・サーバー・エラー」と表示されるエラーが出た場合は、プログラムの記述にミスがあるか、MySQL サーバーが起動していない可能性があります。プログラムコードについては sns2_01.php を見て、どこが間違っているか確認して修正しましょう。

「書き込みに成功！」といわれても、本当にデータベースに書き込まれているか不安ですよね。sns1.php にも sns2.php にも、テーブルの内容を表示する機能がありません。今回は phpMyAdmin で直接、テーブル「tb」への書き込みを確認することにしましょう。

体験61 phpMyAdmin でテーブルを確認しよう

❶MAMP のスタートページを開き、メニューの【Tools】→【phpMyAdmin】を選択

❷「Language（言語）」で「日本語 -Japanese」を選択

❸「tb」をクリック

❹送信した名前とメッセージ、そして連番と実行日時が表示されている

　もし、あなたがWindowsユーザーで、この画面に赤いワーニングウィンドウが表示されてしまう場合は、P.91を参照してPHPのバージョンを変更するとよいでしょう。ワーニングウィンドウは「無視」を選択すれば消えます。

　さらにいくつかのメッセージをフォームから追加して、確認してみてください。

06-02 sns2.phpの仕組みを知る

データベースへの接続

　phpMyAdminを使って、書き込まれた「名前」と「メッセージ」、そして「連番」と「実行日時」を確認することができました。まずは一安心ですね。ところでsns2.phpは、いったいどんな仕組みでテーブル「tb」に書き込んだのでしょうか。けっこう複雑な処理をやっているんですよ。じっくりとその仕組みを確認してみることにしましょう。

　まずはsns2.phpの1、2行目に関してです。

```
$my_nam = htmlspecialchars($_POST["n"], ENT_QUOTES);
$my_mes = htmlspecialchars($_POST["m"], ENT_QUOTES);
```

　POST送信では、$_POSTで送信データを受け取ります。今回sns1.phpでは名前を「n」、そしてメッセージを「m」の「送信データの名前」で送信しました（→P.105）。このデータをhtmlspecialchars関数で、危険なタグを無効にするのが1、2行目の処理です。これはP.71で紹介しました。

第 06 章　なんちゃって SNS（MySQL で SNS 編）

知識 46　送信データの受け取り

3 行目以降はいよいよデータベースの処理です。ここからは新しい知識になりますので、ゆっくりお読みください。まず 3 行目では、PHP からデータベースを操作するために必要な **PDO オブジェクト**というものを作成して、変数 $db に代入しています。

```
$db = new PDO("mysql:host=localhost;dbname=db","root","root");
```

P.80 で、テキストファイルを操作するためのファイルハンドルを紹介しましたが、そのデータベース版が PDO オブジェクトと考えてください。PHP プログラム上では PDO オブジェクトをデータベースそのもののように扱うことが可能です。

ちなみにオブジェクトとは、プログラミング上の抽象的な概念で、PHP 以外のプログラミング言語にも存在します。本書ではオブジェクトや、その元となるクラスについて詳しく解説しませんので、興味のある方は専門書を参照してください。

PDO オブジェクトを作成する構文は、次のような構造になっています。

知識 47　データベースへアクセスする構文

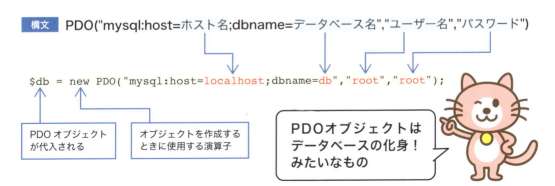

もう一度、本書で作ったデータベースの情報を確認しておきましょう。P.94 にも掲載したものです。このデータベースの情報を先ほどの構文に当てはめます。

知識 48 本書でのデータベース情報

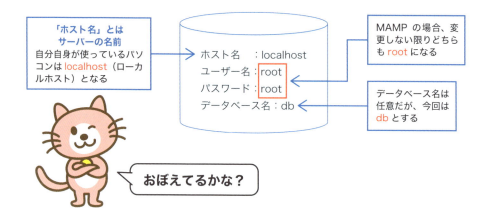

作成した PDO オブジェクトを、今回は変数 $db に代入しています。つまり今後は、データベースの化身である $db を使ってデータベースを操作することになります。

PHP で SQL を実行する —プログラム解説のつづき—

> PHP プログラムからデータベースを操作するには、PDO オブジェクトを使って、前述の SQL を実行します。このときメソッドというものを利用します。聞き慣れない言葉ですが、そんなに難しいわけではありません。

4、5 行目はテーブルへの書き込み部分です。本来は 1 行のプログラムですが、見やすいように改行を入れています。

```
$db->query("INSERT INTO tb (ban,nam,mes,dat)
            VALUES (NULL,'$my_nam','$my_mes',NOW())");
```

上記をよく見ると「$db->query("SQL")」という構造になっているのがわかります。データを挿入する SQL については、phpMyAdmin を使ってすでに実行してみました。P.99 で実行した SQL は、次のようなものです。

```
INSERT INTO tb (ban,nam,mes,dat) VALUES (NULL,'夢路','私の性格って'
,NOW())
```

　先ほどのプログラムとほぼ同じですが、カラム「nam」とカラム「mes」に入力される文字列が実データになっています。一方 PHP プログラムの方は、この部分が変数で記述されています。「$my_nam」「$my_mes」はそれぞれ、sns1.php から送られてきた「名前」と「メッセージ」ですよね（→ P.110）。

知識49 変数を利用した INSERT

　sns1.php のフォームから送られてくる「名前」と「メッセージ」は毎回違うことが予想されますので、このようにプログラム上は変数にしておいて、実行時にこの部分を変数の内容で置き換えるという処理が行われます。

　ここで注意しなければならないのは、SQL の中に記述する変数名は "（ダブルクォーテーション）、もしくは '（シングルクォーテーション）で囲まなければならないということです。これを忘れてしまうとプログラムが正常に実行されません。またエラーも表示されないので、プログラムが動かない場合に理由を探すのが難しくなります。今回は SQL 全体が " で囲まれていますので、変数は ' で囲んでいます。このようにしないとエラーになることは P.42 で解説しましたね。

　次に SQL の実行ですが、これには PDO オブジェクトの**メソッド**を使います。先ほどの「$db->query("SQL")」でいうと、これ全体がメソッドの記述です。

　「メソッド」ってなんとなく難しそうですが、簡単にいうとオブジェクトに所属する関数のことです。これまで紹介した関数は PHP や MySQL のシステムに所属していたので関数名だけを記述できましたが、メソッドの場合はどのオブジェクトのものかを明示して「オブジェクト名 -> メソッド名」とする必要があります。「オブジェクト名」とはオブジェクトを代入した変数名なので、「$db->query」となります。

ここで使用している **query**（クエリと読みます）メソッドは、データベースに SQL を発行する機能があります。関数と同じなので ( ) 内に引数を記述できます。query メソッドの場合は発行する SQL が引数となります。

知識 50　SQL の実行

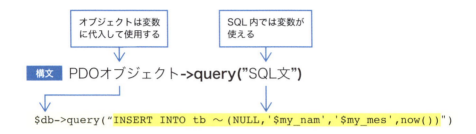

最後に次の 6、7 行目です。これは「書き込みに成功！」のメッセージとリンクを表示します。

```
print " 書き込みに成功！";
print "<p><a href='sns1.php'> 一覧表示へ </a></p>";
```

リンクの作成には **<a>** タグを使います。リンク先は href 属性で指定し、ここでは「sns1.php」としています。これで「一覧表示へ」のリンクをクリックすると sns1.php に戻ります。」

知識 51　リンクの表示

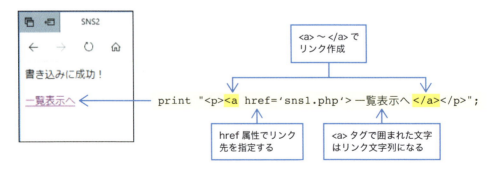

06-03 メッセージ表示部分を追加する

とりあえずテーブルのデータを1行だけ表示するプログラム

先ほどフォームに入力した「名前」と「メッセージ」をデータベースに追加する機能を作成しましたが、追加されたかどうかの確認は phpMyAdmin を使わねばなりませんでした。そこで今度は sns1.php にテーブル「tb」の内容一覧を表示する機能をつけましょう。そうすれば sns2.php の「一覧表示へ」リンクをクリックすると、sns1.php に戻って追加されたかどうかを確認することができるようになります。

ただし、この機能をいきなりプログラミングするのはいささかハードルが高いので、段階的に作っていきましょう。「公開するフォルダ」から sns1.php を開いてください。すでにフォーム部分は P.105 で入力済みなので、その下に PHP プログラムを追加します。

体験62　テーブルの内容を1行表示する PHP プログラムを書こう

【ファイル名】sns1.php（**HELP** ⇒ sns1_02.php）

```
...
<body>
<form action = "sns2.php" method = "post">
名前
<div><input type = "text" name = "n"></div>
メッセージ

<div><textarea name = "m"></textarea></div>
<input type = "submit" value = " 送信するよ！">
</form>
<?php
$db = new PDO("mysql:host=localhost;dbname=db","root","root");
$ps = $db->query("SELECT * FROM tb");
$r = $ps->fetch();
print "{$r['ban']} {$r['nam']} {$r['dat']} {$r['mes'] }";
?>
</body>
</html>
```

❶ 修正が終了したら、【ファイル】→【保存】で上書き保存する

体験63 テーブル一覧を表示してみよう

❶ ブラウザを起動し、「http://localhost/sns1.php」へアクセス

❷ テーブル「tb」にあるレコードの1行だけが表示された

　一番最初にデータベースに保存した「名前」と「メッセージ」だけが表示されていれば成功です。

1行表示プログラムの内容を確認する

　まっ、とりあえず1レコードだけ表示するプログラムは動きましたね。まずはこの内容を確認しておくことにしましょう。「テーブル「tb」のレコードを読み込む」という超基本SQLは覚えてますか？　phpMyAdminで「SELECT * FROM tb」だ、と確認しましたよね（→ P.101）。

　1行目のデータベース接続の部分は sns2.php とまったく同じ（→ P.111）で、データベースを操作する PDO オブジェクトを作成して変数 $db に代入します。

```
$db = new PDO("mysql:host=localhost;dbname=db","root","root");
```

　このようにデータベースを操作する場合は、ページごとに PDO オブジェクトを作成する必要があります。ページをまたがって使い回すことはできないので、注意してください。

　2行目は、P.113と同じように query メソッドで SQL を実行する部分です。

```
$ps = $db->query("SELECT * FROM tb");
```

　ただし、sns2.php とは異なる部分が2つあります。まず発行している SQL「SELECT * FROM tb」は、テーブル「tb」から全レコードを取り出すためのもので、これは P.101 で紹介したものとまったく同じです。

もう1つはqueryメソッドの結果を変数$psに代入していることです。前述のとおりSELECT文はテーブル内のデータを取り出すものなので、取り出したデータが$psに代入されます。ただし$psの中身はテーブルの保存されている数値や文字列そのものではなく、**PDOStatement（ピーディーオーステートメント）** というオブジェクトです。PDOStatementオブジェクトにはさまざまな機能がありますが、ここではSQLを実行した結果の「化身」だと考えておいてください。

知識52 PDOStatementオブジェクトとは

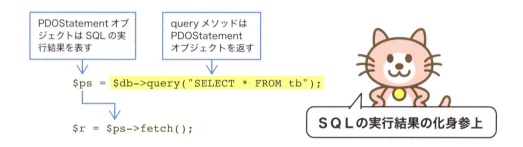

さて、$psの中身は文字列ではなくオブジェクトなので、そのまま「print $ps」では書き出すことはできません。そこで実行しているのが、次の3行目です。

```
$r = $ps->fetch();
```

ここでは **fetch** というメソッドを実行しています。「$ps->」となっていることからPDOStatementオブジェクトのメソッドであることがわかります（→ P.114）。fetchは、SQLの実行結果から1レコード分を配列として返すメソッドです。最初に実行したときは、一番上（一番古い）にあるレコードが配列に変換されて、変数$rに代入されます。

配列についてはP.55で解説しました。fetchメソッドが返す配列は、カラム名がそのままデータの名前になっているので、それぞれの値を取り出すには、$r['ban']、$r['nam']、$r['dat']、$r['mes']と指定します。

知識 53 読み出した結果はこうやって Web ページに書き出すのダ

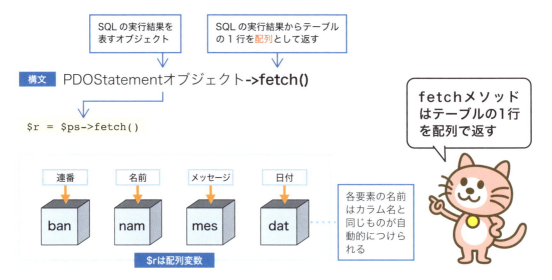

上記の配列の内容を表示しているのが 4 行目の print 文です。

```
print "{$r['ban']} {$r['nam']} {$r['dat']} {$r['mes']}";
```

ここでは各カラムの内容を半角のスペースで区切って表示しています。このように変数と文字列が混じったものを " で囲んで print に渡すと、変数の部分はその内容に置き換えて表示されます。

たとえば「$a=" 猫 ";」「print " かわいい $a だよ ";」のように、$a の後に半角スペースを入れて実行すると、「かわいい猫 だよ」と表示されます。PHP は、「これは変数だ！」と判断できるものならば、"" 中の文字列に含まれる変数を「展開」してくれる、そんな賢いプログラム言語なのですね。しかし、それなら次のように書けるはずですが、実際は変数を { } で囲っています。

```
print "$r['ban'] $r['nam'] $r['dat'] $r['mes'] "
```

理由は、今回使用している変数の内容が ' を使った配列だからです。前述のとおり "" の中の ' は特別な意味を持つので、そのまま使うとエラーになってしまいます。そこで、それぞれの変数を { } で囲んで {$r['ban']} {$r['nam']} {$r['dat']} {$r['mes']} のようにして、「これが展開してほしい変数だよ」とわかりやすく PHP に教えて、エラーにならないようにしているのです。

知識 54 レコード 1 行分の書き出し

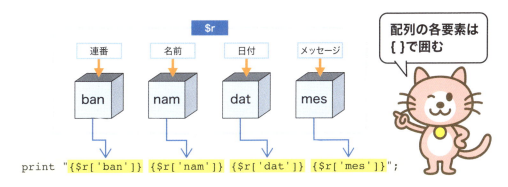

繰り返して全レコードを表示するプログラム

さて 1 行のレコード表示ができたら、次にすべてのレコードを表示できるプログラムに改良しましょう。繰り返しの処理を加えるだけです。PHP で繰り返しを行う方法はいくつかありますが、ここでは while 文というものを使ってみます。

while 文は ( ) 内に指定した条件が正しい間は、{ } 内の処理を繰り返します。細かい話は後で解説しますので、まずは sns1.php に以下のコードを追加しましょう。

体験 64 全レコードを表示するプログラムを書こう

【ファイル名】sns1.php （HELP ⇒ sns1_03.php）

```
...
<?php
$db = new PDO("mysql:host=localhost;dbname=db","root","root");
$ps = $db->query("SELECT * FROM tb ");
while ($r = $ps->fetch()){
    print "{$r['ban']} {$r['nam']} {$r['dat']} {$r['mes']}<hr>";
}
?>
...
```

❶ 修正が終了したら、【ファイル】→【保存】で上書き保存する

print 文に追加している <hr> は、水平線を表示させるタグです。ここではレコードごとの区切りを示すために使用していますが、必ず必要というわけではありません。

とりあえず実行してみましょう。はたして、すべてのレコードを表示できるでしょうか。

体験65 試してみよう

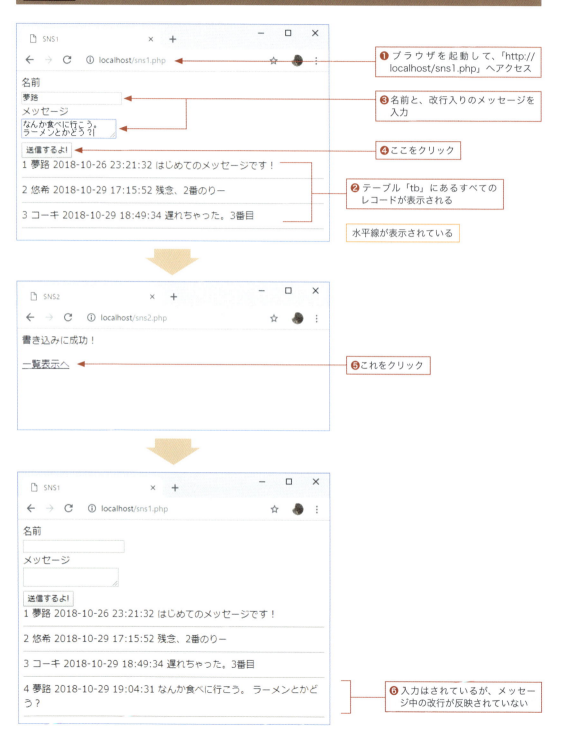

まだ、いくつかの問題はありますが、とりあえずすべてのレコードが表示されました。さて今回使ったのは、1行分のレコード読み取り・書き込みを「レコードがなくなるまで」という条件で繰り返す **while** の構文です。

知識 55　while とは

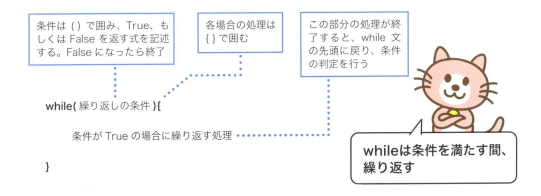

条件に指定している「$r=$ps->fetch()」はわかりにくいですよね。これまで条件には比較演算子や isset 関数など明確に True、もしくは False を返すものを指定してきましたが、「$r=$ps->fetch()」はテーブルから1行取り出して変数 $r に代入するというプログラム（→P.117）です。この場合は、fetch メソッドの実行結果によって True ／ False を判断することになります。前述のとおり、fetch メソッドはテーブルから1行分を配列で返しますが、**レコードがなくなると False** を返します。つまり、取り出すレコードがなくなった場合は、while による繰り返しが終了することになります。fetch メソッドが1行分の配列を返したときに True になるのは、PHP では False ではないたいていの値は True と見なすという決まりがあるせいなので、これはそういうものなんだという理解をしてください。

ところで、fetch メソッドは取り出すレコードをどうやって決めているのでしょうか？実は読み込みを実行するとき「このレコードを読むぞ！」という「読み込み位置」が設定されます。最初はテーブルの先頭にあるのですが、while で fetch メソッドの実行を繰り返すと、この読み込み位置が1レコードずつ進行するのです。そして、レコードがなくなってこれ以上読み込み位置が進められなくなったら、fetch メソッドが False を返すというわけです。

知識 56 while で「レコードがなくなるまで」繰り返す

最後の仕上げ「なんちゃって SNS」を完成させる

さあ、とりあえずすべてのレコードを表示することができました。ゴールまであと少しです。sns1.php をいったん完成させましょう。残っているのは「メッセージ中の改行が反映されていない」という問題だけです。あとついでに、やっぱりメッセージは新しいものを上に表示したいですよね。

まず「メッセージ中の改行が反映されていない」という問題です。前に <pre> タグを使った方法（→ P.83）を解説したのですが覚えていますか？ 今回も同じ方法が使えますが、一般的に <pre> タグを使うと文字がけっこう小さく表示されてしまいます。文字サイズを変えるのも面倒なので、ここでは nl2br という関数を使ってみることにしましょう。

nl2br 関数は、引数に指定した文字列の中から改行コードを探して、それを改行を指示する
 タグに変換します。

知識 57 メッセージ内の改行を反映すると・・・

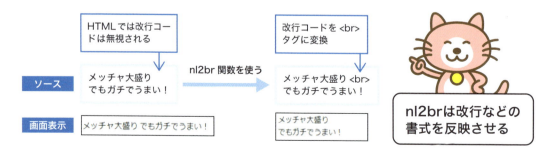

「新しいメッセージを上に」するのは「カラム「ban」の降順にする」ということです。これ

は SQL の文法では「ORDER BY カラム名 DESC」をつけることになっています。これで「指定したカラムの降順」となり、連番の大きいものが上から表示されるようになります。

知識58 メッセージで新しいものを上にすると・・・

プログラムの内容が理解できたら sns1.php を完成させましょう。プログラムの意味を考えながら入力してください。ついでに「連番 名前 日時」の後に
 タグを入れて、日時の後つまりメッセージの前で改行しておくことにしましょう。失敗しないように慎重にやりましょう。

体験66 最後の仕上げをしよう

【ファイル名】sns1.php （HELP ⇒ sns1_04.php）

```
...
<?php
$db = new PDO("mysql:host=localhost;dbname=db","root","root");
$ps = $db->query("SELECT * FROM tb ORDER BY ban DESC");
while ($r = $ps->fetch()){
    print "{$r['ban']} {$r['nam']} {$r['dat']}<br>"
        .nl2br($r['mes'])."<hr>";
}
?>
...
```

❶ 修正が終了したら、【ファイル】→【保存】で上書き保存する

ここでは文字列を連結する演算子「.」を使って、改行コード
 タグに変換したメッセージの内容と <hr> タグを繋げています。プログラムが追加できたら、動きを確認してみることにしましょう。

体験 67 動作を確認しよう

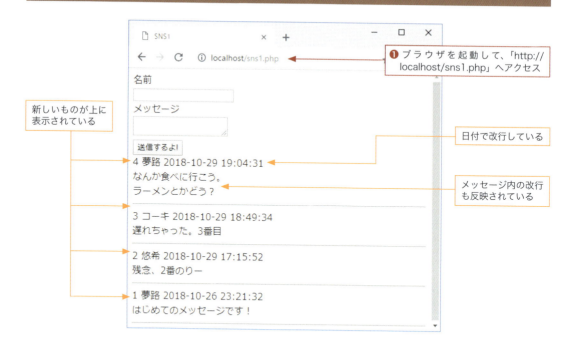

03 メッセージ表示部分を追加する

コラム　ORDER が先か？　WHERE が先か？

　このコラムは次の06-04節の学習後にお読みください。06-04節では検索キーワードを含むメッセージだけを表示するsns3.phpを作りました。しかし、できれば検索結果も、上の方に新しいメッセージが表示されるように、「降順」に並べたいですよね。では、やってみることにしましょう。カラム「ban」の「降順」に表示するには「SELECT * FROM tb」の後に「ORDER BY ban DESC」を付けるのでしたよね。

　でも、ちょっと待ってください。検索する場合、「SELECT * FROM tb」の後には「WHERE mes like '%$my_sea%'」が付いてますよね。「ORDER ～」と「WHERE ～」。いったいどちらを先に書くべきでしょうか？　答えは「WHERE ～が先、ORDER ～が後」です (HELP ⇒ SNS3_02.php)。

```
$ps=$db->query("SELECT * FROM tb WHERE mes like '%$my_sea%'
                ORDER BY ban DESC");
```

　やってみればわかることですが、WHEREを先に書いてしまうと結果が表示されなくなってしまいます。SQLではいろいろな条件を付けてSELECTでレコードを表示することができますが、条件を付ける順序には決まりがあります。

06-04 「なんちゃってSNS」に検索機能をつける

検索機能をどうやってつけるか

みなさんが作った「なんちゃってSNS」は現在のところ、sns1.phpでテーブル「tb」のレコードを表示し、また名前とメッセージを入力・送信。そしてsns2.phpが送られたデータをテーブル「tb」に書き込む、という構造になっています。最後の仕上げとして、これにメッセージ検索機能をつけてみることにしましょう。

今までに、どんなメッセージが入力されているか？ 検索できるといいですよね。次のような機能を追加してみましょう。sns1.phpに検索用のフォームを追加して、ここから検索キーワードを送信するようにします。送信先は新規に作成したsns3.phpとし、sns3.phpに検索結果を表示するようにします。

知識59 検索機能をつけた「なんちゃってSNS」の概要

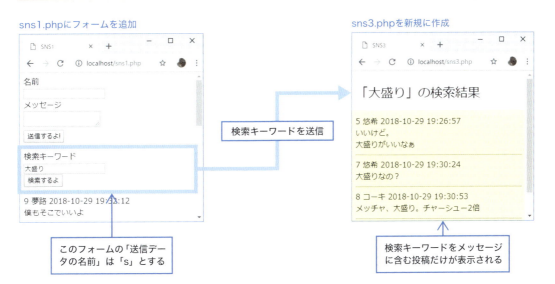

検索の SQL を知る

> メッセージの内容を検索する場合、「○○のキーワードを含むレコードを表示しろ」という意味のプログラムを書く必要がありますが、これは PHP ではなく、発行する SQL を工夫することで実現します。

テーブル「tb」のすべてのレコードを表示するときは「SELECT * FROM tb」でした。これに対して、表示するレコードを限定するときは、WHERE を使って「SELECT * FROM tb WHERE 条件」とします。

キーワード検索のプログラムをいきなり作るのも大変なので、最初に phpMyAdmin で SQL の練習をしてみることにしましょう。まず「名前」が一致するレコードだけ検索してみます。例として、カラム「nam」に入力されている「名前」が「コーキ」のものだけ検索してみます。みなさんは自分が実際に入力した「名前」でやってください。

まず phpMyAdmin で SQL を実行して試してみましょう。P.92 の手順で phpMyAdmin を起動し、以下の SQL を実行してみてください。

体験 68　名前で検索する SQL を実行してみよう

第 06 章　なんちゃって SNS（MySQL で SNS 編）

❺カラム「nam」が「コーキ」であるレコードがすべて検索されている

いかがですか。条件にあったレコードだけ表示されましたか？　では、今の検索の SQL を詳しく見てみることにしましょう。たとえばカラム「nam」が「コーキ」であるレコードだけ表示する場合、WHERE で指定する条件は「nam=' コーキ '」となります。SQL の場合、条件に書く「等しい」は「==」ではなく「=」です。PHP とは違うので注意してください。

知識60　キーワードを含むメッセージだけを表示する SQL

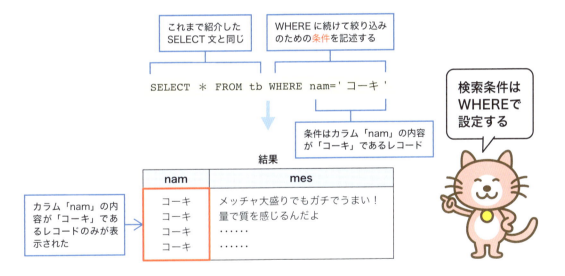

ただ、私たちが目標としているのは、「○○のキーワードを含む」という条件です。たとえばカラム「mes」に「大盛り」のキーワードを含むレコードを検索するとします。この場合「SELECT * FROM tb WHERE mes=' 大盛り '」とやったら、「大盛り」とだけ入力されているメッセージしかヒットしません。困りましたね。

ここで登場するのが、**LIKE** と **%** を使った「あいまい検索」です。とりあえず phpMyAdmin で「あいまい検索」の SQL を練習してみましょう。ここでは例として、カラム「mes」に「大盛り」の文字を含むものを検索します。みなさんは自分が実際に入力した「メッセージ」に合わせてやってみてください。

体験 69 あいまい検索する SQL を実行しよう

　どうですか。「あいまい検索」は成功しましたか？　では、今行った「あいまい検索」の SQL を詳しく見てみることにしましょう。たとえばカラム「mes」に「大盛り」の文字列を含むレコードだけ表示する場合、WHERE で指定する条件は「mes LIKE '% 大盛り %'」となります。

知識61 LIKEと%を使って「あいまい検索」するSQL

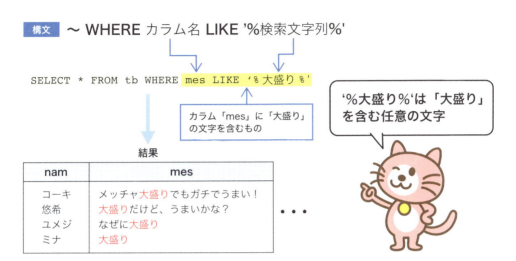

検索機能を追加する

さあ、キーワード検索を行うSQLが理解できたら、この機能を追加してみることにしましょう。本書最後の体験です。sns1.phpに検索用のフォームを追加し、またsns3.phpを新たに作ります。

最初にsns1.phpに検索用のフォームを追加します。1つのWebページの中に、別に何個フォームがあってもかまいませんし、フォームごとにデータの送信先が違っていてもかまいません。今回はsns1.phpのフォームの下に、2つ目の検索キーワード送信フォームを追加します。

体験70 検索用のフォームを追加しよう

【ファイル名】sns1.php（ HELP ⇒ sns1_05.php）

```
...
<form action="sns2.php" method="post">
名前
<div><input type="text" name="n"></div>
メッセージ
<div><textarea name="m"></textarea></div>
<input type="submit" value=" 送信するよ！">
```

```
</form>
<hr>
<form action="sns3.php" method="post">
検索キーワード
<div><input type="text" name="s"></div>
<input type="submit" value=" 検索するよ ">
</form>
<hr>

<?php
$db = new PDO("mysql:host=localhost;dbname=db","root","root");
...
```

❶ 修正が終了したら、【ファイル】
→【保存】で上書き保存する

　新しく追加したフォームでは、検索キーワードを sns3.php へ送信します。またデータの名前は「s」としていますので、sns3.php では検索キーワードを $_POST["s"] で受け取ることになります。

　次に sns3.php を新規に作成します。新規といっても基本的には先ほどの「SELECT * FROM tb ～ WHERE ～」を実行するプログラムです。sns1.php のレコード表示部分や、sns2.php のデータ受け取る部分などはほとんど同じなので、sns1.php と sns2.php からプログラムの一部をコピー＆ペーストし、それに追加・修正を加えてもかまいません。

　Atom のツリービューから sns3.php を開いてください。これもスケルトンになっているので、<body> ～ </body> の中に以下のコードを追加してください。

体験 71　検索結果を表示するプログラムを書こう

【ファイル名】sns3.php　(HELP ⇒ sns3_01.php)

```
...
<body>
<?php
$my_sea=htmlspecialchars($_POST["s"], ENT_QUOTES);
$db = new PDO("mysql:host=localhost;dbname=db","root","root");

print "<p style='font-size:20pt'>「{$my_sea}」の検索結果 </p>";
$ps=$db->query("SELECT * FROM tb WHERE mes like '%$my_sea%'");
while ($r = $ps->fetch()){
    print "{$r['ban']} {$r['nam']} {$r['dat']}<br>"
        .nl2br($r['mes'])."<hr>";
```

```
}
print "<p><a href='sns1.php'>一覧表示へ</a></p>";
?>
</body>
…
```

❶ 修正が終了したら、【ファイル】
→【保存】で上書き保存する

　検索キーワードは前述のとおり $_POST["s"] で受け取れますので、ここではそれを $my_sea という変数に代入して使用しています。タグに使用する < や > を無効化する htmlspecialchars 関数やあいまい検索のための SQL、検索結果のレコードを繰り返し表示する処理などはこれまで説明したとおりです。

　新しく登場しているのは「<p style='font-size:20pt'> ～ </p>」という部分ですが、これは～の文字サイズを 20pt にするという意味です。これが本書で紹介する最後のプログラムです。間違えないように注意して作業してください。

　最終版「なんちゃって SNS」が完成したら、実行してみましょう。どうでしょうか。キーワード検索ができましたか。

体験72　検索を実行してみよう

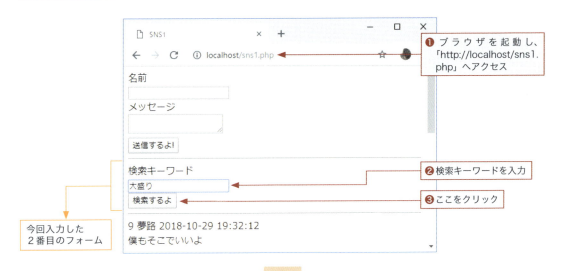

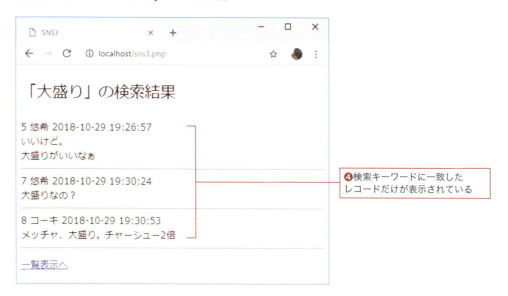

❹検索キーワードに一致したレコードだけが表示されている

お疲れ様でした。「なんちゃってSNS」の完成です。140ページのPHP体験、いかがでしたでしょうか。もしMAMPをインストールしたパソコンがご家庭や職場のネットワークに繋がっていたら、環境にもよりますが他のパソコンからでもアクセスできることもあります。たとえばMAMPをインストールしたパソコンのIPアドレスが「192.168.1.1」だったとします。この場合、他のネットワークパソコンでブラウザのアドレスバーに「http://192.168.1.1/sns1.php」と入力します。もしうまく繋がらないようでしたら、管理している方に聞いてみてください。コミュニケーションツールとして使えるかもしれません。

さて、本書ではWebアプリケーションを作成する場合に必要なセキュリティ対策やエラー処理についてほとんど解説していません。これはセキュリティを考慮するとプログラムはどうしても複雑になってしまい、なるべく簡単なコードでPHPの基本を楽しく学ぶという本書の趣旨に合わないと考えたためです。しかし、一般に公開するようなWebアプリケーションにおいて、これらの対策は必須なので、次の段階で学ぶようにしましょう。

A-01　拡張子の表示方法
A-02　例外処理でエラーに対応する
A-03　Mac 版 MAMP を使うときの設定

APPENDIX

A-01 拡張子の表示方法

　本書では、拡張子（ファイル名の最後につく「.txt」など）が表示されているものとして解説をします。Windows の初期設定では、拡張子が非表示になっています。もし拡張子が非表示になっていたら次の操作で、設定を変更しておいてください。

❶エクスプローラでフォルダを表示する

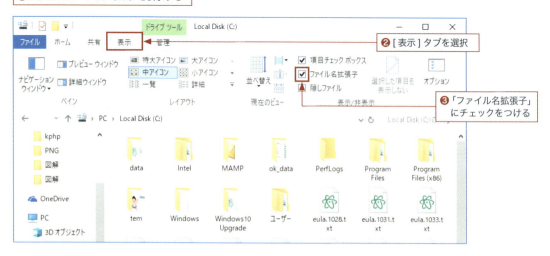

A-02 例外処理でエラーに対応する

　何かのトラブルによって MySQL データベースに接続できなかった場合、本書で紹介したプログラムでは処理を停止してしまいます。Web アプリケーションが処理の途中で止まってしまっては困ります。本来であれば、このようなエラーに対応する処理をつけるべきなのですが、本文では省略しています。
　ここで、データベース関連の処理で問題が発生したときの処理について解説しておきます。
　たとえば MySQL データベースに接続するときには、次を実行しました（→ P.112）。

```
$db = new PDO("mysql:host=localhost;dbname=db","root","root");
```

このときデータベースに正しく接続できなかったら、その原因を表示するプログラムに変更してみることにしましょう。PHPでは、実行しているときに発生する問題（エラー）を「例外」といいます。例外処理とは、「例外」が発生したときの処理のことです。例外処理を行う場合「try〜catch」の構文を使います。

書式　try〜catch の構文

```
try{
    例外が発生するかもしれない処理
}catch( 例外の名前 例外を受け取る変数 ){
    例外が発生したときの処理
}
```

たとえば次は、P.123の「sns1.php」（ HELP ⇒ sns1_04.php）に、例外処理を加えたものです。パスワードが誤っているため、例外が発生し例外処理が行われます。

【ファイル名】sns1.php（ HELP ⇒ sns1_er.php）

```php
<?php
try{
    $db = new PDO("mysql:host=localhost;dbname=db","root","usodayo");
    $ps = $db->query("SELECT * FROM tb ORDER BY ban DESC");
    while ($r = $ps->fetch()){
        print "{$r['ban']} {$r['nam']} {$r['dat']}<br>"
            .nl2br($r['mes'])."<hr>";
    }
}catch(PDOException $e){
    print " 次のエラーが発生しました：".$e->getMessage();
}
?>
```

MySQLデータベースへの接続に失敗するのでcatchの次の行が実行され、エラーメッセージが表示されます。

送信するよ！
次のエラーが発生しました：SQLSTATE[HY000] [1045] Access denied for user 'root'@'localhost' (using password: YES)

データベースへの接続に失敗した場合、PDOExceptionという名前の「例外」を発生するため、これを変数「$e」で受け取っています。詳細の説明は省略しますが、この場合「$e->getMessage()」でエラーの内容が取得できます。このプログラムでは「次のエラーが発生しました：」の文字列に、「$e->getMessage()」でエラーの内容を結合して表示しています。エラーの内容は英語ですが、上記では「データベースにアクセス不能」を意味します。

```
print "次のエラーが発生しました：".$e->getMessage();
```

A-03 Mac版MAMPを使うときの設定

macOSにはもともとApacheがインストールされており、80番ポートを使用する設定になっています。このプリインストールのApacheはユーザーが明示的に起動する必要があるため、たいていは起動されていないことが多いでしょう。

Mac版のMAMPでは、プリインストールのApacheが起動されている場合を考慮して、MAMPによってインストールされるApacheが使用するポートがデフォルトの80番から8888番に変更されています。同様にMySQLが使用するポートもデフォルトの3306番ではなく8889番です。このためlocalhostにアクセスする場合、「http://localhost:8888/〜」のようにホスト名に「:8888」をつける必要があります。これはなかなか面倒くさいのでできればポート番号をデフォルトに戻して、本書の表記と同じく「http://localhost/〜」でアクセスしたいところです。

MAMPではApacheやMySQLが使用するポートを変更することができますが、変更する前に該当するポートが現在使用されていないかを調べる必要があります。これはmacOSに付属するネットワークユーティリティというソフトを使用します。

(1) 使用されているポートを調べる

Macで現在使用されているポートを調べるときは、まずSpotlight検索を起動し、「ネットワークユーティリティ」を検索します。

APPENDIX

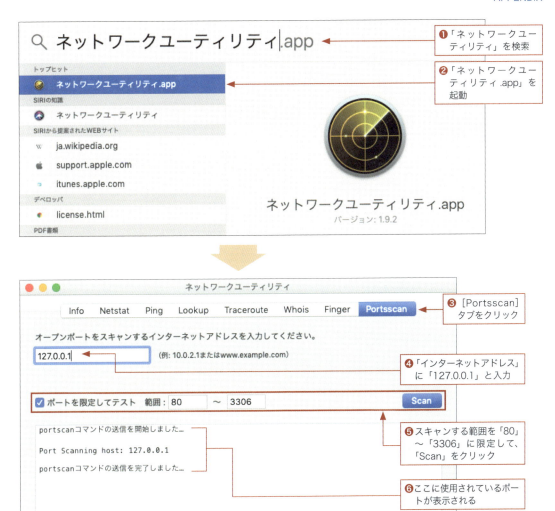

　スキャンが終了して、上記のように何も表示されない場合は、現在ポートは使用されていませんので、次の手順に移行してください。もし、80番や3306番が使用されていて、たとえば「Open TCP Port: 80　http」などと表示された場合は、ポートの変更をあきらめてURLに「:8888」をつけて運用しましょう。

(2) Apacheを「80」、MySQLを「3306」のポート番号にする

　MAMPを起動し、メニューから【MAMP】→【preferences】を選択し、以降の手順に従ってください。

APPENDIX

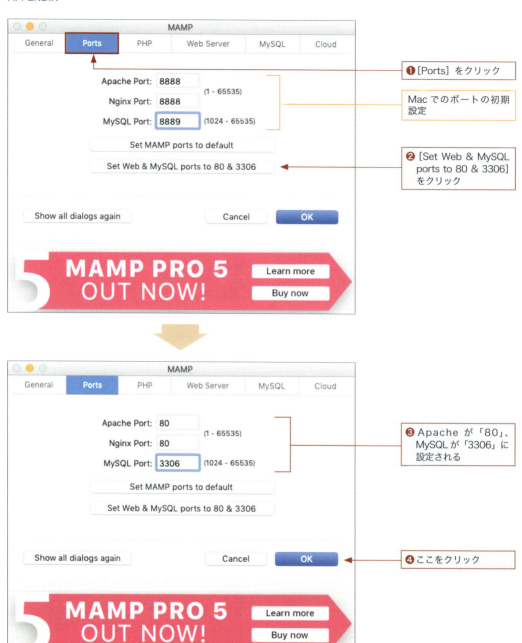

03 Mac版 MAMPを使うときの設定

　設定を終了するとApacheは自動的に再起動されますが、MySQLサーバーはリセットされないので、MAMPの画面から再起動を行ってください。

# INDEX

記号・数字

!=	50
!==	50
'	42
"	37
""	74
$_COOKIE	55
$_ENV	55
$_FILES	55
$_GET	52
$_POST	55
$_REQUEST	55
$_SERVER	55
$_SESSION	55
%	129
&ams;	73
&apos;	73
&gt;	73
&lt;	73
&quot;	73
;	37
:	66
.	67
?	66
?>	33
¥n	78
<	50
<?php	33
<==	50
=	45
==	49
===	50
>	50
>==	50
80番ポート	136
8888番ポート	136
8889番ポート	136

A

action属性	63
Apache	18
Atom	24
aタグ	114

B

bodyタグ	31、36
BOM	24
brタグ	83

C

command + s	39
Ctrl + s	38
datetime型	95
DESC	123
divタグ	106

E

else	49
elseif	49
EUC	23

F

False	49
fclose関数	80

fetch メソッド …………………………… 118
fopen 関数 ……………………………… 79
form タグ ………………………………… 58
fwrite 関数 ……………………………… 80

G

getMessage メソッド …………………… 136
GET 送信 ………………………………… 60

H

head タグ ………………………………… 31
htdocs フォルダ ………………………… 27
htmlspecialchars 関数 …………… 71、110
html タグ ………………………………… 31
hr タグ …………………………………… 119
HTML ファイル ……………………… 16、30
HTTP 500 ……………………………… 108

I

if ………………………………………… 48
img タグ …………………………… 42、65
input タグ ……………………………… 58
INSERT 文 ……………………………… 100
int ……………………………………… 95
isset 関数 ……………………………… 67

J

japanese-menu ………………………… 26

L

LIKE …………………………………… 129
localhost ……………………………… 94

M

Mac ……………………………………… 21
MAMP …………………………………… 17
MAMP Pro ……………………………… 19

method 属性 …………………………… 60
my.ini …………………………………… 89
MySQL ……………………………… 18、88

N

name 属性 ……………………………… 59
nl2br 関数 ……………………………… 122
NOW 関数 ……………………………… 100
NULL …………………………………… 100

O

Oracle ………………………………… 100
ORDER BY ……………………………… 123

P

PDOException オブジェクト ………… 136
PDOStatement オブジェクト ………… 117
PDO オブジェクト …………………… 111
PHP ……………………………………… 12
phpMyAdmin …………………………… 92
PHP 処理システム ……………………… 17
PHP ファイル …………………………… 32
PostgreSQL …………………………… 100
POST 送信 ………………………… 60、105
pre タグ …………………………… 83、122
print …………………………………… 37
p タグ …………………………………… 42

Q

query メソッド ………………………… 114

R

rand 関数 ………………………… 43、48
readfile 関数 …………………………… 81
root …………………………………… 94

索引

S
SELECT 文 …………………………… 102
src 属性 ……………………………… 42

T
textarea タグ ………………………… 105
True …………………………………… 49
try ～ catch ………………………… 135
type 属性 ……………………………… 59

U
UTF-8 ……………………… 23、31、89

V
value 属性 …………………………… 59
varchar 型 …………………………… 95

W
Web サーバー …………………… 15、17
Web ページ …………………………… 14
WHERE ……………………………… 127
while ………………………………… 121
Windows ……………………………… 21

Y
Yahoo! Japan ………………………… 15

あ行
あいまい検索 ………………………… 129
インターナル・サーバー・エラー …… 108
インターネット ……………………… 15
エディタ ……………………………… 24

か行
改行 …………………………………… 78
拡張子 ………………………………… 134
画像 …………………………………… 39
カラム ………………………………… 88
空文字 ………………………………… 74
関数 …………………………………… 44
クライアント ………………………… 15
公開されるフォルダ ………………… 27

さ行
三項演算子 …………………………… 66
サンプルファイル ……………… 13、26
シフト JIS …………………………… 23
スケルトン …………………………… 36
スタートページ ……………………… 21
整数型 ………………………………… 95
送信データの名前 …………………… 54
送信ボタン …………………………… 59
ソース …………………………… 30、41

た行
代入 …………………………………… 45
タグ …………………………………… 31
ダブルクォーテーション …………… 37
ツリービュー ………………………… 28
データ型 ……………………………… 95
データベース …………………… 17、88
テーブル ………………………… 88、95
テキストボックス …………………… 59
ドキュメントルート ………………… 27

な行
ネットワークユーティリティ ……… 136

は行
配列 …………………………………… 55
比較演算子 …………………………… 50
引数 ……………………………… 44、48

日付時刻型……………………………… 95
標準出力………………………………… 82
ファイルハンドル……………………… 80
フォーム………………………………… 56
変数……………………………………… 44
ポート…………………………………… 136
ホスト名………………………………… 94

ま行

メソッド………………………………… 113
メモ帳…………………………………… 24
文字エンコーディング………………… 22
文字コード……………………………… 23
文字化け………………………………… 23
文字列型………………………………… 95

ら行

乱数……………………………………… 44
リンク…………………………………… 114
例外……………………………………… 134
レコード………………………………… 88
連続番号機能…………………………… 95

誰もがあきらめずにすむ PHP 超入門
URL https://isbn.sbcr.jp/98977/

○本書をお読みいただいたご感想、ご意見を上記 URL にお寄せください。
○本書に関する正誤情報など、本書に関する情報も掲載予定ですので、あわせてご利用ください。

誰もがあきらめずにすむ PHP 超入門

2018 年 12 月 25 日　初版第一刷発行

著　　者	西沢　夢路（にしざわ　ゆめじ）
発 行 者	小川　淳
発 行 所	SBクリエイティブ株式会社
	〒106-0032 東京都港区六本木 2-4-5 六本木 D スクエア
	TEL 03-5549-1201（営業）
	https://www.sbcr.jp/
印　　刷	株式会社 シナノ

装　　丁	大島　恵理子
イラスト	岡田　行生
組　　版	岡田デザイン事務所
編　　集	平山　直克（Quiet Kenny）

落丁本、乱丁本は小社営業部にてお取替えいたします。
定価はカバーに記載されております。

Printed in Japan ISBN978-4-7973-9897-7